Hubert Zeiler / Monika Preleuthner

Murmeltiere

Hubert Zeiler / Monika Preleuthner

Murmeltiere

Mankei, Murmandl, Munggen

Österreichischer Jagd- und Fischerei-Verlag

Dr. Hubert Zeiler, Jahrgang 1963, lebt in Slowenien und Kärnten. Von Berufung und Beruf ist er Wildbiologe, Autor und Bildender Künstler.

Dr. Monika Preleuthner, Jahrgang 1959, lebt in Wien. Als Wildbiologin hat sie langjährige Erfahrung mit Murmeltieren. Heute ist sie Ausbildnerin für Sportklettern.

Titelbild: Markus Stähli

Fotos: Markus Zeiler (50), ausgenommen:
Gunther Greßmann (3): S. 28 (2), 34 oben
Markus Stähli (12): S. 25, 65, 69, 72, 73, 74 (2), 75 unten, 79 u., 117 u., 124 o., 126
Hubert Zeiler (18): S. 26 o., 27 u., 30 (2), 31 u., 32 o., 33 u., 38 u., 66 (2), 76, 78 o., 80 u., 116 u., 123 (2), 127 u., 143

SW-Zeichnungen: Hubert Zeiler

Lektorat, Layout, Leitung Produktion: Michael Sternath
Maiomai: „Iosono" cummintuanand.
Wassa furstojuin. WassalunaTictactoe.

Verlagsassistenz und Sekretariat: Angela Pleyel (a.pleyel@jagd.at)

Vertriebsleitung: Hermann Striednig (h.striednig@jagd.at)

Gesamtherstellung: Druckerei Theiss, Sankt Stefan im Lavanttal

ISBN 978-3-85208-131-1

INHALT

Fünftes Kapitel:

Die Familie im Mittelpunkt: Leben in Gemeinschaft 53

Sechstes Kapitel:

Wählerisch: Besondere Äsung für Winterschläfer 81

Siebtes Kapitel:

Pfeif drauf: Feindvermeidung 91

Achtes Kapitel:

Mitten im Leben: Entwicklungsgeschichte, Sozialsysteme, Parasiten und Klima 100

Neuntes Kapitel:

Jagd 129

„Die baggern schon den ganzen Abend."

Aus dem Film
„Und täglich grüßt das Murmeltier"

H. Zeiler 97

Erstes Kapitel:

Von Mankeis, Munggen und Murmelen

Besonders über Tiere am Berg haben Naturforscher und Gelehrte vergangener Zeiten immer wieder Berichte verfasst, die wir heute zumindest teilweise ins Reich der Sagen und Fabeln einordnen. Kein Wunder, denn selten waren sie selber im Gebirge unterwegs – viele Berichte fußen auf Erzählungen. Ihre Quellen waren Jäger, Hirten und der Volksglaube. Interessant ist, dass man einer Art wie dem Murmeltier gerade dabei immer wieder viel Aufmerksamkeit geschenkt hat. Es gibt historische Beschreibungen, die 2.000 Jahre zurückreichen. Murmel sind weder besonders auffällig, noch sehr heimlich, sie sind nicht gefährlich, als außergewöhnlich schön wird sie auch kaum jemand bezeichnen. Was aber macht „Mus montis" dann aus?

Zunächst einmal sind die Mankei tagaktiv. Man kann sie leicht beobachten, und sie zeigen ein reiches Verhaltensrepertoire. Dazu kommt, Alpenmurmeltiere leben gemeinsam, oft in großen Familiengruppen – in einer Murmelkolonie ist etwas los. Obendrein richten sich die Tiere immer wieder auf, damit sind die Vorderbeine frei und können ähnlich wie unsere Hände genutzt werden. Das führt zu Eindrücken und Vergleichen mit uns selber. Ein gedrungener Körper im dichten Fell vermittelt den Eindruck sympathischer, liebenswerter Pelzknäuel. Murmeltiere gewöhnen sich auch bald an den Menschen und werden oft sogar futterzahm. Als Beispiel für einen echten Winterschläfer, der viele Monate unter der Erde verschwindet, ist diese Tierart heute jedem Kind bekannt; die Wissenschaft hat dazu in den letzten Jahren viele spannende neue Erkenntnisse geliefert.

Nomen est omen?

Eine Eigenart in Verbindung mit dieser Wildart in den Alpen sind auch die vielen Namen. Je nach Region gibt es ganz unterschiedliche Bezeichnungen für die großen Nagetiere. „Mus montis" geht auf lateinischen Ursprung zurück, es bedeutet so viel wie „Bergmaus". Aus der Maus des Berges (Genitiv: *muris montis)* soll im Rätoromanischen *murmont* geworden sein. Damit sind wir auch schon nahe bei noch heute gebräuchlichen romanischen Bezeichnungen wie *Marmontane* oder *Marmotte. Marmot* im Englischen oder *marmotte* im Französischen sind eng damit verbunden. *Marmota* bezeichnet wissenschaftlich die gesamte Gattung.

Im Althochdeutschen sprach man von *muremento* oder *murmenti.* Womit wir nun endgültig beim Murmeltier ankommen. *Muramentl*, *Murmentl*, *Mankei*, *Munggen* oder *Murmelen* ist nur eine kleine Auswahl aus einer Vielzahl von Namen, die noch heute im Alpenraum gebräuchlich sind. In alten Berichten wird auch immer wieder eine Verbindung zwischen Namen und Lautäußerungen hergestellt. Demnach würde Murmel von „murmeln", einem zufriedenen Knurren kommen. Im Schweizer Wallis soll es noch heute die Bezeichnung *Mistbellerle* geben. Zurückgeführt wird dies auf die schrillen Warnrufe, welche mehr einem Pfiff denn einem Schrei ähneln.

Erfundenes und Wahres

Durch Jahrhunderte wurden Geschichten über Murmel weitererzählt, die man heute gerne mit einem Lächeln zum Besten gibt. Ein Grund war der, dass sie über lange Zeit einfach nicht hinterfragt wurden. Eine davon beschreibt die angebliche Heuernte der Bergmäuse. Der französische Naturgelehrte Buffon meldet im 18. Jahrhundert zwar schon Zweifel daran an, dennoch liefert er eine sehr bildhafte Beschreibung dazu: „... man versichert, dass die einen die feinsten Grashalme abbrechen, die anderen würden sie auflesen, und abwechselnd dienten sie als Fuhrwerk, um sie nach der Wohnstätte zu bringen; eins, sagt man, legt sich auf den Rücken, lässt sich mit Heu beladen, streckt seine Pfoten in die Höhe, damit sie als Wagenleitern dienen, und lässt sich dann von den anderen fortschleppen, die es beim Schwanze ziehen und zu gleicher Zeit Acht geben, dass das Fuhrwerk nicht umschlägt."

Hier wurde manchem Gelehrten von den Älplern ein Bär aufgebunden. Was die Volksheilkunde betrifft, finden wir heute aber durchaus Bestätigung dafür, dass dem Murmeltierfett zu Recht Heilwirkung zugeschrieben wird. Nachdem man darin Corticoide gefunden hat, ist damit belegt, dass dem Fett tatsächlich entzündungshemmende und immunsuppressive Kraft innewohnt. Anwendungsbereiche sind Rheuma- oder Gelenksschmerzen. Seit jeher wird dazu erwähnt, dass Murmelöl nicht zu lange verwendet werden soll; wie man heute aufgrund der enthaltenen Glucocorticoide weiß, ist auch das richtig.

Kinder und Murmel aus Savoyen

Die Wildart wurde nie zum Haustier, obwohl man junge Murmeltiere leicht zähmen kann. Sicher waren sie schwer zu halten, weil den scharfen Nagern kaum eine Bretterwand widersteht und weil es auch kaum ein Gehege gab, aus dem die grabfreudigen Nagetiere nicht hätten entweichen können. Ein anderer Grund war vielleicht aber auch, dass sie recht einfach zu bejagen waren. Immer wieder wurden im Winter ganze Familien, die tief im Winterschlaf waren, einfach ausgegraben, um den wohl etwas eintönigen Speiseplan einiger Gebirgler etwas zu bereichern. In manchen Gebieten der Schweiz gab es sogar verbriefte Rechte darauf. Das Wildbret bedarf jedoch besonderer Zubereitung, zumindest sollte es gut von Fett befreit sein. In manchen Regionen wird es gerne gegessen, andernorts erhält man die Auskunft, dass man Murmel gar nicht essen kann, weil der Geschmack derart abstoßend sei. Gezähmt wurden Murmeltiere in manchen Gegenden dennoch, und zwar, um die Tiere zur Schau zu stellen. Geschehen ist das einst in Savoyen, jener Region in den Westalpen, die im Dreiländereck zwischen Schweiz, Frankreich und Italien liegt. Savoyen ist die höchstgelegene Landschaft Westeuropas. Junge Savoyarden mussten über Jahrhunderte von hier abwandern, um ein Auskommen zu finden, die karge Berglandschaft ernährte die Menschen nur unzureichend. Bekannt wurden im deutschen Sprachraum die Savoyardenknaben. Das waren Kinder aus Savoyen, die mit zahmen Murmeltieren auf Jahrmärkte zogen, um die Tiere dort ähnlich wie Tanzbären vorzuführen. Sie kamen bis weit in den Norden, und noch heute gibt es Savoyardenlieder, welche davon berichten. Die Beziehung zwischen Mensch und Murmel hat also viele Facetten. Eine davon ist auch eng mit der heutigen Verbreitung in den Alpen verbunden. Womit wir nun wirklich ernsthaft in die Thematik einsteigen …

KURZ & BÜNDIG

- Dem Murmeltier wurde seit jeher von der Bevölkerung viel Aufmerksamkeit geschenkt. Über das Murmel erzählte man zahlreiche, teils recht phantastische Geschichten.
- Es gibt kaum ein Wildtier, für das man so viele Namen kennt. Je nach Region nennt man es: Muramentl, Murmentl, Mankei, Munggen, Murmele oder Mistbellerle.
- Obwohl man das Murmeltier leicht zähmen kann, hat man es nie zum Haustier gemacht. Ein Grund könnte sein, dass diese „Fleischreserve“ auch so recht sicher bei der Hand war: Man grub im Herbst und Winter immer wieder ganze Familien aus.

Zweites Kapitel:

Wie das Murmeltier in die Alpen kam: Verbreitung, Ausrottung, Aussetzung

Murmeltiere sind Steppenbewohner, genau genommen besiedeln sie kalte Steppen. Die meisten Lebensräume während der Eiszeiten waren Kältesteppen. Während der letzten großen Eiszeit – der Würm-Eiszeit – war das Alpenmurmeltier im Westen Europas also weit verbreitet. Es gab Murmeltiere von den Pyrenäen bis weit in die Norddeutsche Tiefebene, und von der Po-Ebene in Norditalien bis zu den Karpaten. Etwa bis dorthin reichte damals von Osten her das Verbreitungsgebiet des Bobak – einer anderen Murmeltierart, die noch heute die eurasischen Steppen besiedelt. Das Alpenmurmeltier war also einmal sehr weit verbreitet. Man könnte sagen: überall – nur nicht in den Alpen. Diese waren mit einer dicken Eisschicht überzogen. Als dann am Ende der Eiszeiten der Wald Europa wieder zurückeroberte, wurde es für die Steppenbewohner allmählich eng. Der Bobak zog sich in die ukrainischen und russischen Steppen zurück, und unser Murmel wurde nun tatsächlich zum Alpenmurmeltier, denn für diesen Steppenbewohner blieben zunächst nur die offenen Bereiche zwischen Waldgrenze und Gletscher oder Felsregion. Das Murmeltier musste in die Berge zurückweichen.

Bestandesdynamik in den Gebirgen

In den Pyrenäen, am Apennin und auch im Dinarischen Gebirge oder weiten Teilen der Karpaten konnte sich die Art nicht halten. Nur in der Tatra im Grenzbereich zwischen der Slowakei und Polen haben Alpenmurmeltiere nach der Eiszeit bis heute überlebt. Die Murmeltiere in den Alpen und in der Tatra werden als eine Art zusammengefasst. Das Vorkommen in der Tatra dürfte jedoch bereits seit rund 25.000 Jahren isoliert sein. Die Tiere werden heute daher einer eigenen Unterart *(Marmota marmota latirostris)* zugeordnet. In den Rumänischen Karpaten wurde die Art um 1900 im Fagaras- und Retezat-Gebirge ausgerottet. Mittlerweile wurden Murmeltiere dort aber wieder ausgesetzt.

Dennoch gibt es heute auch Murmeltiere in den Pyrenäen, im französischen Zentralmassiv, im Apennin, im Schweizer Jura und sogar im Schwarzwald und auf der Schwäbischen Alb. Hier hat der Mensch nachgeholfen – womit wir bei einer sehr wechselvollen Geschichte sind. Die Verbreitung durch den Menschen reicht erst rund 150 Jahre zurück, davor wurden Murmeltiere im Großteil der Ostalpen ausgerottet. Die Geschichte des Murmeltieres im Alpenraum ist komplex, zumindest, seit der Mensch dazu gekommen ist.

Alle fossilen Fundstätten liegen in Österreich außerhalb des derzeitigen Verbreitungsgebietes. Es gibt Funde aus dem Klagenfurter Becken, der Grazer Bucht, aus dem südlichen Wiener Becken, ebenso wie dem Leithagebirge und dem Wienerwald. Auch aus dem Waldviertel und dem nördlichen Alpenvorland sind Fossilfunde bekannt. Damit ist die Verbreitung während der Eiszeit außerhalb der Alpen gut belegt. Einzelne Funde in höheren Lagen führt man auf wärmere Phasen während der Eiszeiten zurück. Solche Funde gibt es zum Beispiel aus dem Toten Gebirge an der Grenze zwischen Steiermark und Oberösterreich.

Temperatur und obere Waldgrenze hängen eng zusammen. Wenn der Wald nach oben vorrückt, dann kommt es für einen Bewohner offener Steppen darauf an, wieviel Platz zwischen Waldrand und Gipfel noch bleibt. Ein Blick über den Alpenbogen zeigt, dass die Massenerhebungen in den Westalpen deutlich größer und höher sind als in den Ostalpen. Zwischen 2000 und 500 vor Christus erreichte die Waldgrenze einen Höchststand – derzeit sind wir gerade wieder auf dem Weg dorthin. Das heißt, eine Reihe von Gebirgszügen in den Ostalpen war zwischendurch völlig bewaldet – und damit murmeltierfrei. So sind Vorkommen verschwunden oder sie wurden stärker zersplittert. Um diese Zeit hat aber auch der Mensch bereits Almwirtschaft betrieben. Hirten trieben schon damals ihr Weidevieh in die Murmeltierlebensräume am Berg – und erweiterten diese damit auch. Durch Jahrhunderte hat der Mensch in den Alpen dann über Weidewirtschaft und Rodung die Waldgrenze um 200 bis 400 Höhenmeter nach unten gedrückt. So entstand ein Mix aus Kultur- und Urland. Nur wenigen ist bewusst, dass die Alpen heute in Mitteleuropa besonders weite, ausgedehnte Grasfluren beherbergen, ähnlich jenen Steppen, in denen sich das Murmeltier entwickelt hat. Almweiden und alpine Matten nehmen rund ein Fünftel des gesamten Gebirgszuges ein. Der Mensch hat also den Lebensraum der Alpenmurmeltiere über Jahrtausende erweitert. Gleichzeitig hat er aber auch Murmeltiere gejagt und verfolgt. Schlussendlich dürfte er in weiten Teilen der Ostalpen als Murmeltierjäger so erfolgreich gewesen sein, dass diese Tierart dort verschwunden ist.

In diesem Zusammenhang ist ein Blick in das Jagdbuch des Martin Strasser von Kollnitz interessant. Strasser trat 1584 seinen Dienst als Jägermeister der Salzburger Fürsterzbischöfe an. In seinem Jagdbuch behandelt er die gesamte Palette von damals heimischen Wildtieren und Jagdarten mit akribischer Genauigkeit – nur Murmeltier und Steinbock fehlen. Man kann jedoch davon ausgehen, dass er Murmel und Steinwild gekannt hat. Beide Wildarten waren für die Volksmedizin von besonders großer Bedeutung, die Salzburger Erzbischöfe hielten noch um 1700 in Hellbrunn einen eigenen „Mankeipark“. Aus den Rechnungsbüchern der Hofkammer in Innsbruck geht auch hervor, dass es von 1503 bis 1530 einen eigenen Murmentmeister gegeben hat. Er stand im Dienste Kaiser Maximilians. Zu der Zeit waren lebende und tote Murmeltiere an den Hof in Innsbruck zu liefern. In Tirol war das Murmeltier zumindest noch in der ersten Hälfte des 16. Jahrhunderts ein verbreitetes und begehrtes Jagdwild. Martin Strasser wurde 1556 geboren; warum er das Murmeltier mit keinem Wort erwähnt, lässt sich nur erahnen. Mit großer Wahrscheinlichkeit kann man davon ausgehen, dass Murmeltiere und Steinwild in den Revieren der Salzburger Erzbischöfe um diese Zeit nicht mehr bejagt wurden oder bejagt werden durften – auch wenn es die Tiere noch da und dort in freier Natur gab. Schließlich gibt es aus Salzburg noch ein Oberstjägermeisterprotokoll aus dem Jahr 1703, worin vermerkt ist, dass es den salzburgischen Jägern bei Strafe der Dienstentlassung verboten war, Murmeltiere zu fangen oder zu schießen. Man wusste also genau, dass bestimmte Wildarten gefährdet waren, und man hat sie auch zu schützen versucht, um sie zu erhalten.

Heute geht man davon aus, dass nur die Westalpen sowie die großen Gebirgszüge in Vorarlberg und Tirol westlich von Sill und Eisack (Wipptal) seit der letzten Eiszeit durchgehend vom Murmeltier besiedelt waren. Dazu zählen der Rätikon, die Silvretta- und Samnaungruppe, das Verwall sowie Lechquellengebirge, Karwendel, Lechtaler, Ötztaler und Stubaier Alpen. Deutlich entfernt davon gibt es auch noch einen autochthonen Bestand im Raum Berchtesgaden – Salzburg. Aufgrund von einzelnen Hinweisen aus historischen Quellen kann man annehmen, dass es ehemals aber auch in der Steiermark, im restlichen Teil von Salzburg und Tirol sowie in Kärnten Murmeltiere gegeben hat. Dort dürften sie aber ausgerottet worden sein. In der Schweiz ist die Wildart zwar lokal ebenfalls zeitweise verschwunden, insgesamt hat sich das Murmeltier dort aber bis heute gehalten.

In den Ostalpen sind die ersten Wiedereinbürgerungsversuche bereits im Jahr 1860 nachgewiesen. Damals wurden Murmeltiere am Marwipfel im Sengsengebirge in Oberösterreich und im Riegelkar im Karwendel in Tirol ausgesetzt. Von neugegründeten Vorkommen kann man heute aber eigentlich in keinem der beiden Fälle sprechen: Im Karwendel gab es bereits Murmeltiere, und im Sengsengebirge sind alle Ansiedlungsversuche gescheitert, sodass es dort bis heute keine Vorkommen gibt. Grundsätzlich kann man in den Regionen östlich des Wipptales von Wiedereinbürgerung sprechen. Monika Preleuthner konnte bei ihren Recherchen in den 1980er-Jahren rund 120 Aussetzungen mit insgesamt rund 600 Tieren dokumentieren. Tatsächlich waren es wohl weit mehr, denn Murmeltiere wurden immer wieder auch ohne Genehmigung oder ohne Meldung in neue Lebensräume gebracht. Es wurden auch immer wieder Tiere ausgesetzt, um bestehende Bestände aufzustocken oder zu unterstützen. Grundsätzlich ist das Murmeltier damit jene Wildart, die am häufigsten in den Ostalpen ausgesetzt wurde. Das gilt zumindest bis in die 1980er-Jahre. Dabei wurde ein erster Gipfel schon um 1900 erreicht. Um diese Zeit wurden im deutschen Sprachraum ganz allgemein viele verschiedene Wildtiere eingebürgert, um Reviere aufzustocken und Jagdmöglichkeiten zu erweitern. Darunter waren auch viele fremde Arten, womit heimische Lebensgemeinschaften oft empfindlich gestört wurden. Einen zweiten Gipfel gab es dann in den 1970er- und 1980er-Jahren. Danach flaute die Wiedereinbürgerung von Murmeltieren ab, was nicht heißt, dass man nicht weiter Wildtiere in den Ostalpen ausgesetzt hat – viele davon leider noch immer mit derselben Motivation wie vor einhundert Jahren.

Sehr häufig wurden Aussetzungsversuche jedoch mit sehr wenigen Tieren durchgeführt. Im Durchschnitt waren es nur etwa fünf Murmeltiere. Damit kommt nur ein geringer Teil der genetischen Vielfalt in die neue Kolonie. Genetische Untersuchungen belegten dies recht eindrucksvoll. Das heißt, viele Murmeltierbestände in den Ostalpen sind heute genetisch verarmt. Dennoch waren die meisten Wiedereinbürgerungsprojekte erfolgreich, und es entwickelten sich aus den wenigen

Tieren stabile Bestände. Wie sich das einmal auswirken wird, wenn es zu Veränderungen im Lebensraum oder beim Klima kommt, wird die Zukunft zeigen. Derzeit ist der gesamte Alpenbogen von den französischen Seealpen bis zu den letzten östlichen Ausläufern in Niederösterreich besiedelt. In den Ostalpen sind die Vorkommen jedoch deutlich mehr zersplittert als im Westen.

Wiederansiedlung in den Pyrenäen

Der Vollständigkeit halber sei hier auch noch erwähnt, dass vielleicht das erfolgreichste und größte Einbürgerungsprojekt mit Alpenmurmeltieren in den Pyrenäen stattgefunden hat. Aus dem Gebirge gibt es zwar fossile Murmeltierfunde, aber man nimmt an, dass die Art vor etwa 15.000 Jahren aufgrund der Klimabedingungen dort verschwunden ist. Begonnen hat man mit Aussetzungen auf der französischen Seite, weil man mit den Murmeltieren dem Steinadler – manche meinen, auch den letzten Pyrenäenbären – ein alternatives Beuteangebot zur Verfügung stellen wollte. Ähnlich wie in manchen österreichischen Revieren war eine Motivation: Es sollte der Jagddruck der Adler auf das Gamswild verringert werden. Auf der Nordseite der Pyrenäen gab es zahlreiche – und oft auch wiederholte – Aussetzungen. Man geht davon aus, dass in den französischen Pyrenäen etwa 400 bis 500 Tiere ausgesetzt wurden, die Mehrzahl davon in den 1960er- und 1970er-Jahren. Auf spanischer Seite soll es keine Aussetzungen gegeben haben. Von Frankreich aus haben sich die Murmeltiere dann aber auch im gesamten spanischen Pyrenäenbogen ausgebreitet. Heute schätzt man, dass es mehr als 10.000 Murmeltiere in den südlichen Pyrenäen gibt. Damit zählen die Aussetzungen in den Pyrenäen zu den erfolgreichsten Einbürgerungsversuchen mit Alpenmurmeltieren. Gut geeignete Lebensräume, die durch Weidewirtschaft erweitert und verbessert wurden, geringer Raubfeinddruck, Akzeptanz durch den Menschen und hohe genetische Vielfalt durch die große Anzahl ausgesetzter Tiere dürften zum Erfolg wesentlich beigetragen haben.

Lebensräume

Vorhin wurde gesagt: Alpenmurmeltiere seien ursprünglich Steppenbewohner. Die Lebensräume der Wildart sind jedoch vielfältig, Nachweise aus der Literatur reichen von 800 bis 3.200 Meter Seehöhe. Dabei muss man aber einschränken, dass sich die unteren wie oberen Höhenangaben in der Regel auf Einzelbeobachtungen von wandernden Tieren beziehen. Es kann vorkommen, dass sie dabei manchmal sogar Talböden überqueren wollen. Die 800 Meter gehen auf ein wanderndes Tier zurück, das in den Karnischen Alpen in Italien erschlagen wurde. Uns ist in diesem Zusammenhang sogar ein Murmeltiernachweis auf 600 Meter Seehöhe bekannt – große Alpenflüsse bilden dann aber oft unüberwindbare Barrieren, Bergbäche werden jedoch mit Sicherheit durchschwommen. In Kärnten hat sich ein Murmeltier auch einmal in die Garage eines unserer Nachbarn verirrt – Seehöhe rund 750 Meter. Nachweise in Seehöhen von über 3.000 Metern beziehen sich ebenfalls meist auf Ausflüge einzelner Tiere. Baue, in denen überwintert wird, findet man dort nicht mehr.

Vorkommen unter 1.000 Meter Seehöhe sind jedenfalls eher die Ausnahme, ganz sicher nicht die Regel. Für das Berner Oberland hat man zum Beispiel ermittelt, dass das Hauptverbreitungsgebiet zwischen 1.200 und 2.700 Metern liegt, bevorzugt werden Höhenlagen zwischen 1.800 und 2.200 Meter. In den Ostalpen liegt die Waldgrenze etwa bei 1.800 Metern, auch wenn der Mensch sie nach unten gedrückt hat, damit ergibt sich schon von Natur aus eine Barriere. Für Davos in Graubünden gibt Jürg Paul Müller vom Bündner Natur-Museum das Hauptvorkommen in Höhen von 2.100 bis 2.600 Metern an, obwohl es scheinbar auch geeignete tieferliegende Lebensräume gibt. Dieselbe Situation findet man auch in manchen Tauerntälern, vor allem, wenn der Siedlungsraum bis auf etwa 1.000 Meter Seehöhe reicht. Dann werden die tieferen Lagen noch mehr oder weniger intensiv landwirtschaftlich genutzt. Murmeltiere sind dort nicht willkommen, besonders auf Mähwiesen. Die Kernlebensräume liegen damit heute in einem Gürtel von 400 bis 600 Metern über der Waldgrenze – je nachdem, wie viel Platz nach oben bleibt. Das gilt für West- und Ostalpen. Dort, wo die Almwirtschaft nachlässt, verbuschen und verwalden Lebensräume zusehends, damit gehen offene Lebensräume verloren, und das Murmeltier verschwindet. In einer Reihe von Almregionen am Alpenostrand kommt es jedoch auch zur gegenteiligen Entwicklung. Hier wird die Almwirtschaft derart intensiviert, dass sie der Grünlandwirtschaft mit strikter Wald-Weide-Trennung in Tallagen gleichkommt; auch dadurch verschwinden ehemals typische Wildarten wie Murmeltier und Birkhuhn. Besonders in Gebirgszügen mit Seehöhen von rund 2.000 Metern steigt der Wald aufgrund der Klimaerwärmung derzeit wieder nach oben, damit sehen sich eine Reihe von Murmelkolonien dem gleichen Schicksal gegenüber wie schon einmal vor rund 3.000 bis 4.000 Jahren.

Die Ansprüche der Murmeltiere an ihren Lebensraum kann man vereinfachend so beschreiben: Alpenmurmeltiere brauchen offene Graslandschaften, in denen es im Sommer nicht zu heiß wird. Sie sind hitzeempfindlich, und sie meiden den Wald – auch wenn Wälder auf Wanderungen durchquert werden. Dazu muss es möglich sein, dass die Tiere unterirdische Baue anlegen. Das heißt, die Murmeltiere müssen im Boden graben können. Der russische Wildtierforscher Dimitrij Bibikow fasst in seiner Murmeltierbiografie drei Kriterien für geeignete Lebensräume zusammen:

1. Die vorhandenen Pflanzenarten müssen den Nahrungsbedürfnissen der Murmeltiere entsprechen. Kurz und bündig: Das Äsungsangebot muss passen.
2. Die Tiere müssen, wie gesagt, Baue anlegen können. Allein das ist aber noch zu wenig. In diesen Bauen müssen im Winter Temperaturen herrschen, welche den Winterschlaf ermöglichen. Das heißt, im Bau darf es nicht frieren.
3. Murmeltiere sollten sich in ihrem Lebensraum mit Familienmitgliedern oder anderen Tieren einer Kolonie optisch und akustisch verständigen können. Das spielt nicht nur für die Kommunikation, sondern auch für die Feindvermeidung eine wichtige Rolle.

Bibikow bezeichnet Murmeltiere als typische Steppenbewohner. Sie leben in Trockensteppen ebenso wie in Grassteppen, Gebirgssteppen oder felsdurchsetzten Matten und Bergtundren – Alpenmurmel sind gute Kletterer. Typische Steppen sind geprägt durch Winterkälte, eher trockene Sommer und geringe Niederschläge, die Vegetationszeit ist kurz. Aus diesen Gründen kann sich dort kaum Wald entwickeln. Zu den weit verbreiteten Bewohnern dieser Steppengebiete zählen die Erdhörnchen. Dazu gehören Murmeltiere, Ziesel und Präriehunde. Alle sind überwiegend Pflanzenfresser, sie sind tagaktiv, halten Winterschlaf und graben unterirdische Baue und Gänge – womit sie zur Bodendurchmischung beitragen.

Murmeltiere leben in den Alpen auch in Blockhalden, auf Hochweiden, sie nutzen daneben Trockenrasen, viel lieber aber nährstoffreiche Almböden, und es gibt sie auf fetten Almweiden und Mähwiesen in der Nähe von Hütten oftmals weit unterhalb der Waldgrenze. Während die Lebensräume in den Zentralalpen meist weit ausgedehnt sind und daher große Kolonien beherbergen, sind die Vorkommen in den Kalkalpen häufig eher auf kleine Inseln beschränkt. Der Mensch hat also die Gebirgssteppen nicht nur bedeutend erweitert, er hat auch ein abwechslungsreiches Mosaik mit einem oft reichhaltigen Nahrungsangebot geschaffen. Von Bedeutung für die Besiedlung der Lebensräume ist dabei auch das Kleinklima. Die klimatischen Bedingungen im Gebirge sind je nach Jahres-, aber auch Tageszeit großen Schwankungen unterworfen. Für eine Tierart, die es nicht zu heiß mag, für die aber auch jeder Tag im kurzen Bergsommer zählt, spielt es eine Rolle, wie lange die Schneedecke hält. Es macht also einen großen Unterschied ob man auf der Sonn- oder auf der Schattseite daheim ist. Die Hangrichtung, in der ein Murmeltierterritorium liegt, ist daher von Bedeutung. Ideal wäre im Winter eine isolierende Schneedecke, damit der Boden nicht zu tief durchfriert, im Frühjahr sollte der Schnee aber nicht zu lange liegen bleiben, damit rasch wieder genügend Äsung zur Verfügung steht. Viel Schnee und frühe Schneeschmelze wären also günstig. Allgemein sind südliche Hanglagen bevorzugte Gebiete, in der Regel halten sich dort stabile Bestände. Die Gesamtmenge der verfügbaren Nahrung spielt dabei weniger eine Rolle, Murmeltiere selektieren und nutzen nur einen geringen Teil des gesamten Angebotes. Von größerer Bedeutung ist dagegen jene Zeit, die für die Nahrungsaufnahme zur Verfügung steht. Störungen durch Raubfeinde oder Menschen spielen hier eine Rolle. Wenn es zu heiß wird, müssen die Tiere in den kühleren Bau ausweichen. Auch damit ist eine Einschränkung gegeben. Vor allem in tieferen Lagen dürfte die Temperatur daher ein begrenzender Faktor sein.

KURZ & BÜNDIG

- Das Hauptverbreitungsgebiet der Murmel liegt zwischen 1.200 und 2.700 Metern Seehöhe. Sie brauchen Graslandschaften, in denen es im Sommer nicht zu heiß wird.

Alpenmurmeltier.

Murmeltiere sind tagaktiv. Man kann sie gut beobachten. Wenn sie einen Kegel machen, dann sind die Vorderbranten frei – richtig menschenähnlich!

Wald – alpine Matten – Felsregion.

Alpenmurmeltiere bewohnen Gebirgssteppen. Ihr Lebensraum ist der Gürtel zwischen Wald und Fels.

Eiszeitrelikt.

In der Eiszeit besiedelten Murmeltiere Kältesteppen. Damals waren die Alpen noch von einem dicken Eispanzer bedeckt. Nach dem Rückzug der Gletscher folgten sie den kalten Steppen hinauf in die Berge.

Gebirgssteppe.

Kaum jemandem ist bewusst, dass es heute in den Alpen die größten und ausgedehntesten Grassteppen Mitteleuropas gibt.

Verwallgruppe.

In den Ostalpen war das Murmeltier in historischer Zeit fast überall verschwunden. Hier im Silbertal in Vorarlberg blieb es erhalten. Durch die Almwirtschaft hat der Mensch den Murmeltierlebensraum stark erweitert.

Gletschermoräne.

Der langgezogene Schuttkegel links wurde von einem Gletscher abgelagert. Hier können Murmeltiere tiefliegende, trockene Baue anlegen.

Almweiden.

In der Nähe dieses Gebirgsbaches bleibt die Luftfeuchtigkeit hoch und die Äsung über lange Zeit im Jahr frisch und grün.

Auf hoher Warte.
Murmel sind gute Kletterer. Sie können selbst steile Felswände überwinden.

Kalkgebirge.

Im Kalk ist der Gürtel zwischen Wald und Fels oft nur schmal. Da bleibt nur wenig Lebensraum für die Murmeltiere. Auf diesem Bild liegen die Baue vor allem im grünen Feld in der Mitte sowie auf den Hangschuttflächen rechts davon.

Gebirgskarst.

Murmeltiere können nur dort leben, wo der Boden grabfähig ist. Die Baue müssen unterhalb der Frostgrenze liegen. Möglich ist das hier nur im Hangschutt auf der rechten Bildhälfte.

Urgestein.

Großflächige Grasmatten, wie diese Bergsteppe in den Hohen Tauern, bieten kopfstarken Murmelkolonien viel Platz.

Hochgebirge.

Hier setzt sich der Murmeltierlebensraum aus einem Mix von Fels, Geröll, eingesprengten Weideflächen, Zwergsträuchern und Graspolstern zusammen.

Weidewirtschaft.

Die Waldgrenze rückt immer weiter nach oben. Wo der Mensch noch Weide betreibt (rechte Bildhälfte), bleiben Berghänge länger frei und offen.

Almrauschbär.

Breiten sich Latschen und Zwergsträucher aus, geht dies auf Kosten der Sicherheit. Murmel verlieren sich aus den Augen, und der Fuchs kommt leichter heran.

Weidenbär.

Verbuscht der Lebensraum, dann bieten oft nur noch einzelne Felsblöcke Aussichts- und Ruheplätze. Der Lebensraum verliert zunehmend an Qualität.

Niederalm.

Hier hat der Mensch durch die Almwirtschaft in tiefen Lagen Lebensraum geschaffen und dann sogar Murmeltiere ausgesetzt. In diesem Gebiet tummeln sich heute zahlreiche Mankeis weit unterhalb der natürlichen Waldgrenze.

Blockmandl in der Blockhalde.

Auch ein Teil des Lebensraumes: Geröll. Hier gibt es zwar viele Verstecke, aber kaum Äsung.

Klettermaxe.

Murmeltiere können auf rauen Flächen beinahe senkrecht hinaufklettern und aus dem Stand auch weit und hoch springen. Springen sie nach unten, steht der Körper fast senkrecht – und das auf oft nur ganz schmalen Graten.

Kühlung.

Viele glauben, Murmeltiere seien Sonnenanbeter. In Wahrheit jedoch sind sie hitzeempfindlich. Auf den Steinen sucht dieses Murmeltier Kühlung.

Undercover.

Mumeltierbaue gibt es auch immer wieder unter Steinblöcken. Hier wird in Geröll und Erdreich zwischen den Blöcken gegraben, die großen Steine stabilisieren dabei das Gangsystem.

Vorsicht!
Ein Blick aus der kurzen Fluchtröhre zeigt, ob die Luft wieder rein ist.

Familienburg.
Große Murmeltierbaue sind oft das Werk von ganzen Murmeltier-Generationen.

Erdbaumeister.

Mit den Vorderbranten lockern die Tiere das Erdreich, mit den Hinterbranten werfen sie das Material aus. Steine werden auch mit den Zähnen gelockert.

Nasenarbeit.

Auch die Nase wird eingesetzt, um Erdreich festzudrücken.

Feldherrnhügel.

Im Laufe der Zeit können sich vor einem Hauptbau einige Kubikmeter Erde anhäufen: gute Aussichtsplattformen, auf denen sich auch gut ruhen lässt!

Erdwall.

Fehlen in einem Murmeltierlebensraum die Felsen, dann dient auch das Erdmaterial des Auswurfs, um ein wenig Kühlung vor dem Bau zu erlangen.

Nebenschauplatz.

Dieses Murmel sitzt sicher nur vor einer Fluchtröhre oder vor einem Nebeneingang. Vor einem Bau wäre viel mehr Aushubmaterial.

Heuernte.

Eine Aufnahme von Anfang Oktober: Hier wird noch Heu eingetragen, um den Winterkessel auszupolstern oder um die Röhren mit Zapfen zu verschließen.

Alles fertig für den großen Schlaf.

Mit einer solchen Speckschicht kann man beruhigt in den Winter gehen. Dieses Murmel übersteht den Winter auch ganz alleine und ohne Familie.

Drittes Kapitel:

Neun Zehntel des Lebens im Bau

Es ist kaum zu glauben, aber diese großen Nagetiere verbringen 90 Prozent ihres Lebens unter der Erde. Das heißt, auch wenn die Wissenschaft viel ans Tageslicht gebracht hat, so bleibt uns dennoch viel vom Leben dieser Tiere verborgen. Der Bau bietet Schutz und Zuflucht, er dient der Jungenaufzucht, der Kühlung an heißen Sommertagen, und er ist jener Ort, wo diese Tierart jährlich etwa sieben Monate im Winterschlaf verbringt. Wer je auf einer Alm Murmeltieren beim Graben zugeschaut hat, der mag sich gewundert haben, wie da Erde und Steine aus den Röhren geschleudert werden. Erdhörnchen sind im Tiefbau unschlagbar. Murmeltiere graben mit ihren Vorderbeinen, manchmal lockern sie Steine auch mit den Zähnen. Mit den Hinterbeinen wird das Material dann oft in weitem Bogen aus den Röhren geworfen.

Almböden mit tiefem Erdreich, wo das Graben leichtfällt, sind eher die Ausnahme. Viel häufiger werden Baue im Hangschutt oder in Gletschermoränen angelegt. Dort sind meist große Steine und Steinblöcke eingeschlossen. Die Murmeltiere graben hier oft das feinere Füllmaterial dazwischen aus, die groben Blöcke stabilisieren dann das System aus Gängen und Kammern. Schwemmkegel oder wasserführende Hänge sowie feuchte Senken sind zur Anlage von Bauen aufgrund der Gefahr von Wassereinbrüchen nicht geeignet. Manch Almbauer kann aber auch ein Lied davon singen, wenn Murmeltiere unter den Grundmauern seiner Almhütte eine besonders trockene, frostsichere Bleibe finden. Nicht selten droht Einsturzgefahr, wenn ein „Murmelbautrupp" Fundamente oder Stützmauern unterminiert.

Sommer- und Winterbaue

Bau ist jedoch nicht gleich Bau. Wer durch eine Murmeltierkolonie wandert, der sieht besonders häufig die Eingänge zu den kurzen Fluchtröhren. Sie dienen dazu, um bei Alarm möglichst rasch einen sicheren Platz zu finden. In jedem Murmeltierterritorium gibt es eine ganze Reihe davon, sie sind in der Regel nicht viel länger als einen Meter. Man kann sie zum Sicherheitssystem zählen. Durch die vielen Röhren und Zugänge, die es im Wohnraum jeder Gruppe gibt, entfernen sich Murmeltiere nie weit vom nächsten Zufluchtsort. So findet jedes bei Gefahr rasch Unterschlupf. Fluchtröhren haben nicht mehr als einen oder zwei Zugänge. Daneben gibt es Sommerbaue und Winterbaue. In der Regel häufen sich dort vor den Zugängen über die Jahre Erde, Schutt und Steine – manchmal plattgetreten wie Aussichtsterrassen, oft aufgeworfen zu flachen Kegeln oder in kleinen Halden hangabwärts gleitend. Die Nestkammern der Sommerbaue liegen meist nicht tiefer als ein bis eineinhalb Meter. Manchmal entstehen diese Sommerbaue aus einfachen Fluchtröhren, über die Zeit kann aus ihnen dann und wann auch ein Winterbau werden. Winterbaue sind die wirklich wichtigen Teile der gesamten Anlage. Ihre Hauptkammer kann manchmal bis zu sieben Meter tief unter der Erde liegen! Während der Sommerbau Sicherheit und Kühlung bietet, geht es im Winter vor allem um Schutz vor Kälte – deshalb sind besonders tiefreichende Baue unter der Frostgrenze wichtig. Erfrieren während des Winterschlafes ist eine gar nicht seltene Todesursache bei Alpenmurmeltieren. Natürlich werden Winterbaue aber auch im Sommer genutzt. *(Siehe Zeichnung Seite 144 !)*

Die tiefliegenden Schlaf- oder Nestkammern sind deutlich größer als alle anderen Erweiterungen oder Kammern im Bau. Dorthin wird auch Heu eingetragen, und zwar sowohl in den Winter- als auch in den Sommerbau. Damit werden diese jedoch nur ausgepolstert und isoliert. Murmeltiere ernten also tatsächlich trockene Gräser und andere Pflanzen, um sie in ihren Bau zu bringen. Sie tun dies aber, indem sie Heu büschelweise im Maul befördern. Oft stehen dabei die zusammengebündelten Halme links und rechts der Backen ab wie ein struppiger Schnauzbart. Das eingetragene Pflanzenmaterial dient nicht der Ernährung. Ausnahmen davon gibt es hie und da im Frühjahr. Um diese Zeit fressen Murmeltiere manchmal etwas von dem Nistmaterial. Man geht jedoch davon aus, dass damit nach dem langen Winterschlaf eher die Mikroflora im Blinddarm wieder angeregt werden soll. Für die Ernährung spielt das kaum eine Rolle. Je nach Größe der Familie und der Nistkammer schwankt natürlich auch die Menge des Pflanzenmaterials, das eingebracht wird. Man schätzt, dass in einen Winterbau jährlich bis zu zehn Kilogramm Heu eingetragen werden können, in einen Sommerbau bis etwa zwei Kilo. Im Winter ist das Isolationsmaterial von großer Bedeutung, da die Temperatur im Bau bis nahe an die Gefriergrenze absinkt. Ein Teil davon wird verwendet, um im Herbst die Zugänge zum Winterbau zu verstopfen. Auch Steine, Erde und sogar Kot benutzen Murmeltiere dazu. Solche Zapfen können mehrere Meter lang sein. Dabei geht es nicht nur darum, dass keine Kälte eindringt, diese Zapfen sind auch ein Schutz gegen Feinde oder Mäuse. Schließlich wäre ein Murmeltier im Winterschlaf nicht nur Fuchs oder Marder ausgeliefert, auch jede Maus könnte so einen Winterschläfer annagen.

Auch jene Kammern eines Murmeltierbaues sind noch zu erwähnen, die als Latrinen benutzt werden. Murmeltiere halten ihre Nestkammern rein und setzten Exkremente in eigens dafür angelegten Höhlen ab. Man kann im Sommer zwar Murmeltierlosung auch oberirdisch finden – oft unter überhängenden Steinen, wo es darunter trocken bleibt –, in der Regel werden die unterirdischen Latrinen aber auch im Sommer benutzt. Große, ausgedehnte und weitverzweigte Bauanlagen sind das Werk von Generationen. Jahr für Jahr wird dabei das gesamte System von allen Bewohnern laufend erweitert, ausgebaut und erneuert.

Wenn eine Familie den Winter nicht überlebt, dann kann ein Territorium auch vorübergehend verwaisen. Meist dauert es aber nicht lange, und das Revier wird übernommen. Dann bieten die vorhandenen Baue und Röhren den nachfolgenden Tieren besonders günstige Voraussetzungen, um in dem Gebiet leichter Fuß zu fassen.

KURZ & BÜNDIG

- Kaum zu glauben, aber wahr: Murmeltiere verbringen 90 Prozent ihres Lebens unter der Erde. Allein der Winterschlaf im Bau dauert etwa sieben Monate!
- In jedem Murmeltierterritorium gibt es eine ganze Reihe von Fluchtröhren. Diese sind in der Regel nicht viel länger als einen Meter und dienen lediglich als Zufluchtsort.
- Aus den einfachen Fluchtröhren entstehen manchmal Sommerbaue, deren Nestkammern meist nicht tiefer liegen als ein bis eineinhalb Meter. Sie dienen der Sicherheit und Kühlung.
- Die Hauptkammern der Winterbaue liegen manchmal bis zu sieben Meter tief unter der Erde – als Schutz vor Frost.

Viertes Kapitel:

Winterschlaf: 7 Monate zwischen Leben und Tod

Wildtiere haben viele unterschiedliche Anpassungsformen entwickelt, wenn es gilt, Kälte- oder Notzeiten zu überbrücken – der Winterschlaf ist eine extreme, aber auch besonders effektive Variante. Zum Winterschlaf der Murmeltiere hat Walter Arnold, der Leiter des Forschungsinstitutes für Wildtierkunde in Wien, die bisher bahnbrechendsten Entdeckungen geliefert. Wir greifen im folgenden Kapitel daher immer wieder auf seine Ergebnisse zurück. Beschäftigt hat das Thema Forscher seit jeher. Erste ernstzunehmende naturwissenschaftliche Untersuchungen reichen bis in die Mitte des 19. Jahrhunderts zurück. Früheste Forschungen dazu stammen aus Frankreich. In Österreich hat Hans Psenner, der ehemalige Leiter des Innsbrucker Alpenzoos, als erster den Winterschlaf der Murmeltiere untersucht.

Murmeltiere würden keinen Bergwinter überstehen, wenn sie nicht die Fähigkeit entwickelt hätten, diese Jahreszeit in einem Zustand der Kältestarre zu überdauern. Das Murmeltier ist nach dem Biber das zweitgrößte heimische Nagetier. Erwachsene Männchen wiegen rund 3 Kilogramm, Weibchen etwas weniger. Eine Schneemaus bringt dagegen nur rund 50 Gramm auf die Waage, und die Alpenspitzmaus ist mit 6,5 bis 12 Gramm Körpergewicht ein richtiger Zwerg. Maus und Spitzmaus verschlafen den Winter nicht! Die Alpenspitzmaus muss dabei sogar eine Körpertemperatur von 42 Grad aufrechterhalten. Beide Tierarten sind aber so klein, dass sie sich in Ritzen, Spalten, Klüften und Gängen unter dem Schnee bewegen können. Eine dicke Schneeschicht schützt sie vor dem Frost. Überleben können die beiden Kleinsäuger nur, wenn sie ausreichend

Nahrung finden. Aufgrund ihrer geringen Körpergröße ist ihnen das möglich. Nicht so beim Murmeltier, es würde im Winter zu viel Nahrung benötigen. Das Angebot wäre zu gering und für diese großen Nagetiere auch nur schwer zu erreichen. Abwandern ist für einen Bewohner offener Landschaften im Gebirge auch keine Lösung, also bleibt nur eines: Im Sommer ausreichend Fettvorräte speichern, und im Winter so wenig wie möglich Energie verbrauchen. Der Winterschlaf ist demnach die perfekte Anpassung dieser Tierart an die Lebensbedingungen im Hochgebirge.

Winterschlaf, Winterruhe und Torpor

Bevor wir tiefer in das Thema einsteigen, sollten jedoch einige Begriffe genauer geklärt werden: „Winterschlaf", „Winterruhe", „Winterstarre" und „Torpor". Fast jeder kennt den Unterschied zwischen Winterschlaf und Winterruhe. Braunbär, Dachs und Eichhörnchen halten eine Winterruhe, bei der die Körpertemperatur nur um wenige Grad abgesenkt wird. Zu den echten Winterschläfern zählen Murmeltiere, Siebenschläfer und Fledermäuse. Sie senken nicht nur ihre Körpertemperatur bis auf einige Grad über Null ab, auch ihr Herz schlägt nur noch wenige Male pro Minute, Körperfunktionen sind kaum noch nachzuweisen, der Magen-Darmtrakt kann stark schrumpfen und sogar zurückgebildet werden. Es wird keine Nahrung aufgenommen. In die Winterstarre fallen wechselwarme Tiere, wie Reptilien und Amphibien.

Der Begriff *Torpor* leitet sich aus dem Lateinischen ab und bedeutet so viel wie „Erstarrung", oder „Betäubung". Es handelt sich dabei um einen schlafähnlichen Zustand, mit dem vor allem kleine Säugetiere und Vögel kritische Zeiten überdauern. Bei Wasser-, Futtermangel oder Kälte werden Stoffwechsel und Körperfunktionen so weit heruntergefahren, dass die Tiere in einer Art Körperstarre verharren und kaum noch auf Reize von außen reagieren. Damit können Nahrungsengpässe für einige Tage bis hin zu mehreren Wochen überdauert werden. Im Deutschen kennt man dafür auch Ausdrücke wie „Hungerstarre“, „Hungerschlaf“ oder „Kälteschlaf“. Vogelkundler sprechen vom „Verklammen“. Auch der sogenannte „Sommerschlaf“ oder „Trockenschlaf“, mit dem zum Beispiel Ziesel Wassermangel oder Nahrungsknappheit überbrücken, ist eine Form des Torpor. Der Unterschied zum Winterschlaf ist fließend. In der Regel tritt der Torpor für eine kürzere Zeit ein, und auch dann nur von Fall zu Fall, eben wenn die Notwendigkeit gegeben ist. Die Körpertemperatur muss dabei auch nicht auf so niedrige Werte fallen wie bei einem Murmeltier in Kältestarre. Manche Tiere können auch nur für einige Stunden in dem Zustand verharren, wenn die Umweltbedingungen günstiger werden, wachen sie wieder auf. Dabei geht es um ein Ziel: Energiesparen! Das Spannende daran ist, dass eine ganze Reihe von Tierarten diese Form des Energiesparens entwickelt hat. Fledermäuse können in diesen Zustand verfallen, daneben auch Spitzmäuse oder unsere gewöhnliche Hausmaus. Bekannt ist, dass junge Mauersegler Schlechtwetterphasen auf diese Weise überdauern. Auch bei Mehlschwalben kann Torpor eintreten. Im Südwesten Nordamerikas übersteht die Winternachtschwalbe die kalte Jahreszeit sogar im wochenlangen Kälteschlaf. Auch beim Winterschlaf des Murmeltieres spricht man von Torporphasen. Das sind jene Perioden, während welcher die Körperfunktionen auf ein Minimum abgesenkt werden. Sie dauern im Durchschnitt etwa 12 Tage, danach erwachen die Tiere aus dem Winterschlaf und unterbrechen den energiesparenden Torpor für einen Tag. Was geschieht nun aber, wenn ein Murmeltier Ende September seinen Winterschlaf beginnt?

Aufwachen, um zu schlafen

Wer je ein Murmeltier im tiefen Winterschlaf berührt hat, der erschrickt zunächst beinahe, denn das Tier ist kalt. Kalt heißt: Körpertemperatur von 3 bis 5 Grad Celsius! Walter Arnold hat bei überwinternden Murmeltieren im Freiland sogar eine Köperkerntemperatur von 2,6 Grad Celsius nachgewiesen. Miniatursender im Tier, mit deren Hilfe Temperaturdaten telemetrisch übertragen werden, machen das möglich. Arnold weist darauf hin, dass die gemessenen Körpertemperaturen im Freiland deutlich tiefer sind als bei Tieren im Labor. Ein Grund könnte die bessere Qualität der Nahrung in freier Natur sein. Wichtig sind dabei ungesättigte Fettsäuren. Eine davon ist die Linolensäure, die vor allem in grünen Pflanzenteilen vorkommt. Auf die Ernährung kommen wir noch später zu sprechen. Hier nur soviel dazu: Ein Murmeltier kann umso länger in Torpor bleiben, je mehr ungesättigte Fettsäuren es gespeichert hat. Diese können nur mit der Nahrung aufgenommen werden. Der Zusammenhang ist einfach – auch wenn ein enormer Aufwand an Grundlagenforschung notwendig war, um plausible Erklärungen zu erhalten. Der Sättigungsgrad von Fettsäuren ist verantwortlich für den Schmelzpunkt des Fettgewebes. Jeder weiß, dass weißes Fett bei Kälte hart und starr wird, es hat einen hohen Anteil an gesättigten Fettsäuren. Der Schmelzpunkt liegt bei etwa 25 Grad Celsius. Mehrfach ungesättigte Fettsäuren bleiben dagegen bei tiefen Temperaturen immer noch weich oder flüssig und elastisch. Das heißt, sie stehen auch dann noch zur Verfügung, wenn sich das Murmeltier in tiefster Kältestarre befindet. Anders formuliert: Murmeltiere können ihre Körpertemperatur deshalb so weit absenken, weil auch dann noch der Zugriff auf die ungesättigten Fettsäuren möglich ist – und je weiter die Körpertemperatur sinkt, desto mehr Energie wird dabei gespart.

Wird es dennoch zu kalt, dann erhöhen die Tiere auch im tiefsten Winterschlaf ihre Körpertemperatur um einige Grad. Das müssen sie auch, damit sie nicht erfrieren. Im Winter herrschen im Bau andauernd so tiefe Temperaturen, dass dies notwendig ist. Die Thermoregulation als Anpassung an die Umgebungstemperatur erfolgt also ständig. Daneben reagieren sie aber auch auf andere Reize, wie etwa Lärm oder Berührung. Sinkt die Temperatur im Kessel jedoch wirklich abrupt und stark, dann wachen die Tiere auf. Ob damit allerdings nur das Erfrieren verhindert werden soll, ist fraglich, denn in freier Natur ist das eigentlich nur der Fall, wenn der Bau von außen geöffnet wird oder wenn Wasser eintritt. Aufwachen wäre in diesem Fall also eher eine Reaktion auf eine gefährliche Situation. Bei einem Murmeltier in tiefem Torpor schlägt das Herz nur noch zwei bis drei Mal je Minute, und die Atempausen können minutenlang andauern. Hirnströme sind nicht mehr messbar – ein Zustand, bei dem der Organismus unseren menschlichen Kriterien zufolge dem Tod eigentlich beinahe näher ist als dem Leben. Wird der Winterschlaf unterbrochen, dann erwärmen sich die Tiere innerhalb weniger Stunden von einer Temperatur nahe dem Gefrierpunkt auf etwa 35 Grad, das ist beinahe jene Körpertemperatur, die sie im Sommer haben. Das Aufwachen ist nötig, um die Temperatur zu regeln, gleichzeitig brauchen die Murmeltiere aber auch richtigen Schlaf, damit sich der Körper erholen kann. So paradox es klingen mag, aber Winterschläfer müssen aufwachen, um dann wirklich zu schlafen. Der eigentliche Schlaf, im Gegensatz zum Winterschlaf, ist ein Zustand, der medizinisch sehr genau charakterisiert werden kann. Über die Messung von Hirnströmen kann man zum Beispiel feststellen, ob sich ein Mensch im Tiefschlaf befindet, ob er im sogenannten Traumschlaf ist, oder ob er wach ist. Wie gesagt, bei winterschlafenden Murmeltieren tritt etwas sehr Erstaunliches ein: Im tiefen Winterschlaf ist absolut nichts mehr an Gehirnaktivität zu erkennen. Da Schlaf aber eine wichtige Erholungsfunktion für den Körper hat, müssen die Tiere aufwachen, um zu schlafen. Man hat sogar festgestellt, dass die Murmel umso intensiver schlafen, je länger sie vorher in der Kältestarre waren – also je größer gleichsam ihr Schlafdefizit war. Dabei wacht aber nicht jedes Murmeltier einzeln auf, die Tiere sind trotz der stark eingeschränkten Körperfunktionen so feinfühlig, dass sie spüren, wenn der Nachbar im Bau beginnt, sich aufzuwärmen. Das Aufwachen, sich dabei Erwärmen und anschließend wieder Abkühlen geschieht also bei allen Tieren im Bau gemeinsam, wodurch sehr effizient Energie gespart wird. Damit kommen wir auf eine weitere Besonderheit: Murmeltiere überwintern in Gruppen – manchmal von bis zu zwanzig Tieren!

Schlafen in der Gruppe sichert Überleben

Die meisten Winterschläfer überwintern alleine, und auch erwachsene Murmeltiere in guter Kondition kommen allein über den Winter. Immerhin können sie bis zum Herbst allein in ihrer Leibeshöhle bis zu zwei Kilogramm Fett speichern. Nicht so die Jungtiere. Ohne Eltern und Geschwister würden sie den Winterschlaf nicht überstehen, weil sie mit ihrem kleinen Körper und den wenigen Fettreserven nicht ausreichend Energiereserven aufbringen. Für die Jungen ist das Überwintern in der Gruppe also lebenswichtig, weil sie ihre Familienmitglieder als Wärmeflaschen brauchen. Eigentlich ist es unglaublich, welche Formen der Anpassung an ihre Lebenswelt Wildtiere entwickelt haben. Beim Murmeltier hängen der Winterschlaf und das gesamte Sozialgefüge dieser Tierart eng zusammen. Bleiben wir zunächst noch tief unter der Erde im ausgepolsterten Kessel, wo die Tiere zusammengerollt und eng aneinandergeschmiegt die kalte Jahreszeit verbringen. Aufwachen, Schlafen und in die Kältestarre fallen geschieht synchron bei allen Gruppenmitgliedern gemeinsam. Die Jungen liegen in der Mitte, und –

falls notwendig – erhöhen die erwachsenen Tiere ihre Körpertemperatur geringfügig, damit sie diese besser wärmen. Fallweise schieben erwachsene Tiere dafür sogar zusätzliche Aufwachphasen ein. Arnold konnte zeigen, dass Murmeltiere umso mehr Energie sparen, je besser sie aufeinander abgestimmt sind. Dabei wachen die Väter etwas früher auf und „heizen" damit vor. Danach folgen die Jungen. Die Mutter ist etwas später dran. Allein wäre sie nach der belastenden Trag- und Säugezeit überfordert, sie könnte die Jungen nicht über den Winter bringen. Die wichtigste Rolle fällt nun auf den Vater. Wobei Untersuchungen gezeigt haben, dass selbst im tiefsten Winterschlaf Verwandtschaftsverhältnisse eine Rolle spielen. Nicht jeder in der Gruppe heizt gleich stark mit. Neben dem Vater beteiligen sich die älteren Brüder am meisten. Murmelmänner sind also „fortschrittlich" und bereiten sich schon früh auf ihre Vaterrolle vor.

Wie werden nun aber der Winterschlaf, das Aufwachen und der Stoffwechsel gesteuert, und wann weiß ein Murmeltier, dass es draußen wieder Frühling wird? In der Vergangenheit hat man den Winterschlaf immer in Zusammenhang mit dem Einbruch der Winterkälte gebracht. Heute weiß man, dass dies nicht der Fall ist. Eine zentrale Rolle spielen vielmehr die Tageslänge, der Einfluss von Hormonen und die „innere Uhr". In der Regel gibt dabei die Sonne den Takt an. Aber, in eine verschlossene Höhle einige Meter tief unter der Erde dringt kein Sonnenstrahl, oder? Die Lösung: Beim Murmeltier läuft die Steuerung über eine innere Jahresuhr. Das heißt, die Länge einer gesamten Periode beträgt ein Jahr. So wie es beim Menschen einen Tagesrhythmus gibt, so gibt es beim Murmeltier einen Jahresrhythmus. Eingestellt und auf gleich gebracht wird diese Jahresuhr alljährlich wieder über die Tageslänge. Der Winterschlaf beginnt beim Alpenmurmeltier etwa Ende September/Anfang Oktober. Die Tageslänge ist jener Faktor, der dies steuert. Und obwohl dann Sonne, Temperatur oder andere Reize von außen fehlen, wacht das Murmeltier im April zuverlässig auf, erhöht die Körpertemperatur und gräbt sich oft noch durch eine dicke Schneeschicht nach draußen. Dennoch gibt es dabei Unterschiede zwischen den Bewohnern von Bauen an Nord- und Südhängen. Der Grund ist wahrscheinlich die Kälte im Bau. Sie dürfte den Lauf der „Uhr“ mitbeeinflussen. Am nordseitigen Schatthang und in den Hochlagen bleibt es länger kalt, die Tiere wachen dort später auf als am Südhang oder in tieferen Lagen. Das macht Sinn, denn noch immer müssen die Fettreserven herhalten, und je nach Lage des Baues steht das erste Nahrungsangebot zeitlich ganz unterschiedlich zur Verfügung. Süd- oder Südosthänge werden wohl vor allem deshalb von Murmeltieren in den Alpen bevorzugt. Der ungewöhnlich frühe Aufwachtermin hat aber noch einen ganz anderen Grund: Die Zeit für Paarung und Fortpflanzung ist kurz! Reviere abstecken und für Nachwuchs sorgen ist das Gebot der Stunde. Da kann man gar nicht früh genug dran sein …

KURZ & BÜNDIG

- Im Winter würde das Murmeltier für seinen vergleichsweise großen Körper mehr Nahrung brauchen, als der Lebensraum hergibt. Die einzig sinnvolle Antwort darauf: Energiesparen durch Winterschlaf.
- Winterschlaf heißt: Körpertemperatur abkühlen bis auf 3-5 Grad Celsius! Dieser Winterschlaf wird aber immer wieder unterbrochen – im Durchschnitt alle 12 Tage; dann wachen die Tiere auf, um „richtig“ zu schlafen.
- Beim Winterschlaf liegen die Tiere tief unter der Erde im ausgepolsterten Kessel, wo sie zusammengerollt und aneinandergeschmiegt den Winter verbringen.

Fünftes Kapitel:

Die Familie im Mittelpunkt: Leben in Gemeinschaft

Derzeit unterscheidet man fünfzehn Arten von Murmeltieren. Sie leben alle auf der nördlichen Halbkugel. Für Wissenschaftler sind Murmeltiere nicht nur ideale Forschungsobjekte, um den Winterschlaf zu studieren, man kann an ihnen auch sehr gut untersuchen, welche Formen des Gemeinschaftslebens Wildtiere in Anpassung an die Umwelt entwickelt haben. Was heißt das? Bei den fünfzehn Murmeltierarten variieren zwar die Fellfarben, doch was Körperbau, Gewicht, Ernährung oder unterirdische Baue betrifft, sind die Unterschiede gering. Je nach Lebensraum, den die verschiedenen Arten besiedeln, gibt es aber ganz unterschiedliche Formen des Zusammenlebens. Das heißt: Familienstruktur und soziale Bindungen der verschiedenen Murmeltierarten werden stark durch die Umweltbedingungen beeinflusst. Während Waldmurmeltiere in Nordamerika Einzelgänger sind, leben Alpenmurmeltiere oft in großen Gruppen zusammen. Vom Gelbbauchmurmeltier in Nordamerika weiß man, dass die Jungen abhängig von Höhenlage und Winterstrenge früher oder später abwandern. In tieferen Lagen mit weniger strengen Wintern sondern sie sich manchmal bereits im Geburtsjahr von ihrer Familie ab, in den Hochlagen oft erst im zweiten Lebensjahr. Ganz allgemein gilt, dass Murmeltiere in extrem kalten, schneereichen Lebensräumen mit kurzer Vegetationszeit alleine nur schwer durchkommen. In Gemeinschaft gelingt es ihnen weit besser, mit solchen Bedingungen fertigzuwerden. Vor allem Jungtiere sind auf Eltern und Geschwister angewiesen, um ihren ersten Winter zu überstehen. Verzögertes Abwandern aus dem Familienterritorium, Tiere, die bei der Aufzucht ihrer jüngeren Geschwister mithelfen, gemeinsame Sorge für den Nachwuchs oder die späte Beteiligung an der Fortpflanzung sind nur einige Verhaltensmerkmale, die das Leben einer Gemeinschaft von Alpenmurmeltieren auszeichnen.

Sozial und territorial

Das Alpenmurmeltier ist unter allen fünfzehn Arten eine der geselligsten. Innerhalb von Murmeltierkolonien gibt es Familiengruppen, die engen Kontakt halten. Vor allem Jungtiere spielen und balgen ausgiebig, Murmeltiere verwenden viel Zeit für die gegenseitige Fellpflege; engen Körperkontakt sind sie allein schon aus dem Leben im Bau gewöhnt. Die Familien leben in Territorien, welche von den beiden ranghöchsten Tieren gegen erwachsene Eindringlinge verteidigt werden. Murmel, die ein neues Territorium erobern oder gründen, sind zunächst vielleicht allein oder bald zu zweit. Das heißt, vorerst halten ein Männchen und ein Weibchen an einem bestimmten gemeinsamen Revier fest und verpaaren sich. Später kommt der Nachwuchs dazu. Besetzte Reviere können auch inklusive Partner und ansässiger Familienmitglieder erobert werden – doch davon später. Die Revierverbundenheit steht in engem Zusammenhang mit der Fortpflanzungsgemeinschaft, daneben geht es weniger um die verfügbare Nahrung als vielmehr um die „Infrastruktur“. Röhren und Baue sind besonders wichtige Teile des Wohngebietes. Sie hängen eng mit den Grenzen eines Wohngebietes zusammen, weil sich Murmeltiere nur ungern weiter als zehn bis fünfzehn Meter von der nächsten Fluchtröhre entfernen. Dort, wo also die „Infrastruktur“ – sprich Röhren und Zufluchtsorte – endet, dort endet in der Regel auch das Wohngebiet einer Familie. Hier sollte man aber unterscheiden, ob es sich um Alpweiden mit wenig Struktur handelt – dort gibt es außer den Röhren kaum sichere Rückzugspunkte – oder ob es um alpines Gelände mit abwechslungsreicher Struktur geht, wo vor allem Steinblöcke immer wieder Schutz und Unterschlupf bieten. Im Nationalpark Berchtesgaden hat Walter Arnold in einer recht großen Stichprobe Familienterritorien mit einer Größe von durchschnittlich 2,5 Hektar ermittelt. Im Nationalpark Gran Paradiso in den Westalpen liegen die Größenangaben deutlich darunter, hier wurden in einer Studie allerdings nur drei Reviere über acht Jahre beobachtet – die Reviergrößen lagen dort zwischen 0,9 bis 2,4 Hektar. Ein interessantes Ergebnis aus dieser italienischen Untersuchung: Alpenmurmeltiere halten stabile Reviere über Jahre und Generationen, auch wenn die Tiere wechseln oder sich die Gruppengrößen ändern. Ein Murmeltierrevier ist in der Regel also eine recht unverrückbare Einrichtung, deren Grenzen, selbst wenn es eine Zeitlang unbewohnt bleibt, Bestand haben.

Diese Reviere werden ausgiebig markiert. Murmeltiere haben Wangendrüsen, aus denen ein intensiv riechendes Sekret abgesondert wird. Die Tiere reiben ihre Wangen an Steinen, Ästen oder auch an den Eingängen von Bauen, und sie machen sogar richtige „Markierungstouren" durch ihr Revier, wobei die Grenzen deutlich mehr gekennzeichnet werden als die Kerngebiete. Damit erhalten Neuankömmlinge frühzeitig Informationen darüber, welche Bereiche von einer Familie besetzt sind. Abgesetzt werden diese Geruchsmarken vor allem von dem ansässigen erwachsenen Paar, wobei das dominante Männchen deutlich intensiver markiert als das Weibchen. Besonders häufig geschieht das zur Fortpflanzungszeit im Frühjahr. Gibt es Stellen, an denen fremde Tiere ihre Duftspuren hinterlassen haben, dann markieren die ansässigen Murmeltiere drüber – das Markieren mit den Wangendrüsen spielt also auch eine Rolle bei der Revierverteidigung. Neben Geruchssignalen gibt es aber auch noch optische und akustische Signale. Murmeltiere drohen und imponieren, optisch besonders auffällig geschieht dies durch Schwanzschläge oder wenn sich die Tiere aufrichten.

Daneben kennen wir auch das sogenannte „Drohguggern". Allein der Ausdruck beschreibt die Lautäußerung ganz gut. Es ist eines dieser „Geh weg!"-Signale, von denen es im Tierreich viele gibt. Ob Zischen, Fauchen, Rattern, Zähneknirschen oder das Schwanzrasseln einer Klapperschlange, unwillkürlich verstehen auch wir Menschen, was damit gemeint ist. Auffälliges Zähnerattern oder Zähneknirschen kommt bei Murmeltieren ebenfalls vor. Nützen all die Signale nichts, dann sind auch sehr ernste Kämpfe möglich. Sie können durchaus tödlich enden, denn die scharfen Nagezähne fügen jedem Gegner gefährliche Bisswunden zu. Besonders wenn ein erwachsenes fremdes Männchen in ein Revier einwandert und nicht weichen will, dann wird der Kampf mit außergewöhnlichem Einsatz geführt. Sowohl für den Verteidiger wie für den Eindringling geht es um Sein oder Nichtsein, denn Wanderer haben ebenso geringe Überlebenschancen wie Vertriebene. Das ist der Grund, warum beide alles auf eine Karte setzen. Nach wenigen Minuten sind solche Auseinandersetzungen meist beendet – und ein Schicksal besiegelt.

Paarung

Im Mittelpunkt jeder Gruppe steht das Elternpaar. Nur diese beiden dominanten Tiere pflanzen sich innerhalb der Gruppe fort. Das stimmt aber nur annäherungsweise, denn gibt es dazu Gelegenheit, sind Seitensprünge durchaus ein wichtiges Thema. Soll heißen: Die Nachkommen aus einem Wurf können zumindest verschiedene Väter haben.

Nachdem die Murmel im Frühling aufwachen, setzt sofort die Paarungszeit ein, auch wenn noch Schnee liegt und noch kaum Nahrung zur Verfügung steht. Bereits einige Tage, bevor die Murmeltiere das erste Mal vor dem Bau erscheinen, erhöhen sie ihre Körpertemperatur. Man nimmt an, dass dies mit dem

Beginn der Fortpflanzung zusammenhängt. Zunächst müssen nämlich die zurückgebildeten Geschlechtsdrüsen erst wieder aktiviert werden, auch die Produktion von Testosteron hängt von der Körpertemperatur ab.

Die Paarungszeit dauert dann ungefähr zwei Wochen. Die Weibchen sind innerhalb dieser Zeit aber nur an einem Tag empfängnisbereit. Zwischen Männchen und Weibchen gibt es Paarungsspiele in den Bauen und auch außerhalb. Dabei kommt es zu Verfolgungsjagden, die beiden Partner betreiben gegenseitige Fellpflege, und sie halten immer wieder engen Körperkontakt. Die Paarung findet meist im Bau statt. Innerhalb einer größeren Familiengruppe kann es dabei Paarungen zwischen allen geschlechtsreifen Männchen und Weibchen geben. Jedenfalls kann sich ein Weibchen innerhalb eines Tages mit mehreren Männchen paaren. Nun mag man sich fragen: Was soll dann die Behauptung, dass sich ausschließlich die beiden dominanten Tiere fortpflanzen? Ist vielleicht auch „ein bisschen monogam" möglich?

Konkurrenz zwischen Weibchen

Mit „Monogamie" wird eine lebenslange Fortpflanzungsgemeinschaft zwischen zwei Tieren einer Art bezeichnet – ein alter Ausdruck dafür lautet „Einehe". Das trifft auf die beiden dominanten Murmeltiere in gewisser Weise auch zu, aber vom Grundsatz her ist der Begriff „monogam" beim Murmeltier eigentlich fehl am Platz. Eindeutiger wird es schon, wenn man sagt, dass sich nur das dominante Weibchen und das dominante Männchen fortpflanzen. Doch auch damit sind wir immer noch nicht ganz beim Kern der Sache. Familienbande und Aufbau einer großen Murmeltiergruppe mit vielen Mitgliedern können durchaus kompliziert sein: Wie gesagt, es gibt ein dominantes Weibchen und ein dominantes Männchen. Das ist das Elternpaar im Zentrum. Dazu kommen eine Reihe von untergeordneten, rangniedrigeren Tieren und die Jungen. In der Regel sind Alpenmurmeltiere nach dem zweiten Winter geschlechtsreif, viele bleiben aber auch danach noch weitere Jahre in der Familiengemeinschaft. In einer Großfamilie gibt es also neben dem Elternpaar auch noch andere erwachsene Tiere. Einen wesentlichen Unterschied zwischen ihnen macht die Rangordnung.

Bleiben wir zunächst bei den subdominanten Weibchen. Es ist möglich, dass auch sie begattet und sogar trächtig werden. Klaus Hackländer, der Leiter des Institutes für Wildbiologie und Jagdwirtschaft in Wien, hat das Paarungssystem bei Alpenmurmeltieren eingehend studiert. Er fand heraus, dass dominante Weibchen untergeordnete Tiere des gleichen Geschlechts immer wieder angreifen und gleichsam unterdrücken. Dabei kommt es zu Beißereien, rangniedrige Weibchen werden verfolgt, es gibt Rangeleien – mit einem Wort, auf den rangniedrigen, erwachsenen weiblichen Tieren lastet sozialer Druck. Werden Murmeltiere in Gefangenschaft gehalten, kann das dominante Weibchen während der Brunst Rivalinnen sogar töten. Die eigenen Töchter attackiert das dominante Weibchen zwar etwas weniger, während der ersten drei Trächtigkeitswochen nimmt die Aggressivität aber immer mehr zu. Durch Stress steigt dann im Blut rangniederer Weibchen die Konzentration von Glucocorticoiden, das sind Hormone aus der Nebennierenrinde. Damit wird der Hormonhaushalt während der Trächtigkeit empfindlich gestört. In der Folge kann es zum Abortus von Föten kommen, bei den Hörnchen können Embryonen aber auch bereits im Uterus absorbiert werden. Hilft das alles nichts, dann ist schlussendlich auch Infantizid möglich. Das heißt, der Nachwuchs konkurrierender Weibchen wird getötet.

Subdominante Weibchen versuchen dem Stress zumindest teilweise auszuweichen, indem sie Schlafhöhlen abseits der Gemeinschaftsbaue beziehen. Sie stoßen erst am Ende des Sommers wieder zur Gruppe mit dem dominanten Weibchen, um dann gemeinsam mit der gesamten Familie den Winter zu verbringen. Auch wenn es also mehrere erwachsene Weibchen in einer Gruppe gibt, so pflanzt sich alljährlich nur ein Weibchen fort. Doch auch für die dominante Mutter ist durchaus nicht alles einfach. Je mehr erwachsene Tiere es in einer Familie gibt, desto besser kommen die Jungen über den Winter, weil die Thermoregulation in der größeren Gruppe leichter ist und das einzelne Tier dabei weniger Energie verliert – auch das dominante Muttertier, welches alljährlich einer besonders starken Belastung ausgesetzt ist. Die Murmeltiermutter wird nämlich zu einer Zeit trächtig, wo das Nahrungsangebot noch knapp ist. Das heißt, sie zehrt während der Trächtigkeit immer noch von ihrem vorjährigen Fettspeicher. Sind die Jungen geboren, müssen sie gesäugt werden, und dann soll das Weibchen im kurzen Sommer auch noch genügend neue Energiereserven für den nächsten Winter aufbauen. Nicht jedes Jahr geht diese Rechnung auf. Reichen die Fettreserven am Ende des Winters nicht aus, dann bleibt der Nachwuchs aus. Arnold und Hackländer fanden in ihrem Untersuchungsgebiet in Berchtesgaden heraus, dass nur etwa zwei Drittel aller dominanten Weibchen alljährlich Junge werfen. Dennoch werden auch in diesem Fall keine Jungen von subdominanten Weibchen großgezogen. Das Prinzip lautet: entweder die dominante Mutter, oder niemand! Es gibt also alljährlich Familien, die gar keinen Nachwuchs bekommen. Verantwortlich dafür ist zum einen die Kondition der Mütter, zum anderen spielt aber auch das Sozialgefüge in der Gruppe eine Rolle. Hier sind wir bei einem Punkt, wo die Vorteile der Großfamilie auch zum Bumerang werden. Die Konkurrenz zwischen den Weibchen bleibt nämlich auch für das dominante Muttertier nicht ganz ohne Folgen. Je mehr rangniedrige Weibchen in einer Gruppe leben, umso eher setzen auch dominante Weibchen mit der Fortpflanzung aus, ganz einfach, weil der Stress für alle größer wird und weil es dann ganz ohne Verluste für beide Seiten nicht abgeht. Voraussetzung für die erfolgreiche Vermehrung in einer Murmelfamilie sind also sowohl gute Ernährungsbedingungen, wie auch eine optimale Sozial- oder Familienstruktur. Schlussendlich bleibt kein Weibchen ewig dominant. Länger als vier Jahre kann es sich kaum an der Spitze der Familie halten. Keinesfalls darf hier aber der Eindruck entstehen, dass es in Murmeltiergroßfamilien nur Streit und Hader gibt. In der Regel verläuft das Familienleben ruhig, und soziale Konflikte sind eher selten. Eine Ausnahme ist, wie gesagt, die Zeit der Fortpflanzung.

Am Schluss muss hier dennoch angefügt werden, dass eine Murmeltiermutter auch dann ohne Nachwuchs bleiben kann, wenn ein neues Männchen Familienoberhaupt wird. Das geschieht deshalb, weil dieses neue Männchen darauf einwirkt, dass die Trächtigkeit abgebrochen wird. Hier kommt wieder das schon beschriebene Stress-Schema zum Tragen. Sind die Jungen bereits geboren, werden sie auch getötet. Infantizid durch Männchen, die eine Familie übernehmen, ist also beim Alpenmurmeltier möglich, wie auch bei einer Reihe anderer Säugetiere. Ein Grund dafür: Kosten sparen! Zum einen für das neue Männchen, das ja im Winterschlaf fremde Junge hätte wärmen müssen, zum anderen für das Weibchen, das dann ohne Belastung und mit ausreichend Reserven in den Winterschlaf geht. Vor allem der Winterschlaf kostet die Tiere enorm viel Energie, und besonders jene Weibchen, die in dem Jahr Junge geboren haben, gehen dabei an ihre Grenzen. Lange Winter und zu geringe Fettreserven führen daher auch bei erwachsenen Murmeltieren immer wieder zu Ausfällen. Letztendlich geht es beim Infantizid aber um die Weitergabe der eigenen Gene: Gibt es keine Jungen, sind beide Tiere unbelastet und können sich in besonders guter Kondition im nächsten Frühjahr mit dem jeweils neuen Partner wieder paaren und fortpflanzen.

Sind Männer toleranter?

Die Beziehungen zwischen den Weibchen einer Gruppe sind also recht kompliziert. Es ist aber auch notwendig, einen Blick auf die Männer zu werfen. Auch hier gibt es durchaus ähnliche Rangordnungen, und auch hier strebt das dominante Männchen die alleinige Vaterschaft bei den Nachkommen an – was aber selbst dann oft nicht gelingt, wenn es gar keine Konkurrenz innerhalb der Familie gibt. Auch wandernde Männchen oder Nachbarn können sich bei der Familienplanung einmischen. Das heißt, schlussendlich ist das männliche Familienoberhaupt fast nie der Vater aller Kinder eines Wurfes. Dabei sind Väter gegenüber den eigenen Söhnen anscheinend etwas toleranter und lassen es sogar zu, dass sie sich auch an der Fortpflanzung beteiligen. Die Forschergruppe um Arnold und Hackländer stellte fest, dass unter Umständen bis knapp ein Viertel des Nachwuchses auf die eigenen Söhne entfallen kann. Gibt es daneben noch andere rangniedrige Männchen, dann beträgt der Anteil der „Kuckuckskinder" immer noch bis zu 17 Prozent! Einwurf: Beobachtungen an Weibchen in Gefangenschaft zeigen, dass sich diese acht- bis zehnmal im Laufe eines Tages mit mehreren Männchen paaren können. Warum lassen aber dominante Männchen zu, dass sich auch andere an der Fortpflanzung beteiligen? Die Männchen sind die besonders wichtigen „Wärmeflaschen". Man nimmt an, dass die Söhne nur deswegen so lange daheim bleiben, weil es sich eben rentiert, soll heißen, weil sie zumindest eine kleine Chance haben, ihre eigenen Gene weiterzugeben. Auch dominante Männchen sind also gegen Eindringlinge intolerant, bei den eigenen Söhnen dulden sie etwas mehr – und wenn das ranghöchste Weibchen die Gelegenheit zu einem Seitensprung ergreift, was bleibt ihnen dann schon übrig …?

Nun wird man einwerfen, dass hier Inzucht geschieht. Das stimmt, auch dazu gibt es wieder interessante Ergebnisse aus den Berchtesgadener Untersuchungen. Walter Arnold und seine

Gruppe konnten zeigen, dass in dem Berchtesgadener Bestand bis zu 28 Prozent der Jungtiere aus Paarungen mit enger Inzucht stammen; das heißt, weil sich entweder Geschwister oder weil sich Eltern mit ihren Kindern gepaart haben. Jungtiere aus solchen Verbindungen waren zwar zum Zeitpunkt der Entwöhnung deutlich schwächer, ihre Überlebenswahrscheinlichkeit aber nicht geringer. Inzucht könnte also ein Kompromiss sein oder der Preis für die notwendige gegenseitige Unterstützung bei der Überwinterung. Es wären die Kosten für eine mögliche Form der Anpassung und des Überlebens. Wahrscheinlich ist die hohe Toleranz gegen Inzucht auch ein Grund dafür, dass viele Aussetzungsversuche mit oft nur wenigen Tieren dennoch erfolgreich waren.

Jugendentwicklung und verzögerte Abwanderung

Nachdem das Weibchen nun endlich begattet wurde – von wie vielen Freiern auch immer – kommen nach gut einem Monat die Jungen zur Welt; genau: nach 33-34 Tagen. Bei der Geburt sind sie wie alle Nesthocker blind und nackt. Am häufigsten sind es drei bis vier – maximal bis zu sechs. In Gefangenschaft können sogar bis zu sieben Junge von einem Weibchen geboren werden. Es gibt aber auch Würfe mit nur einem einzigen Jungtier. Etwa am 40. Lebenstag kommt der Nachwuchs das erste Mal vor den Bau – meist ist das Anfang Juli. Dabei zeigen die Jungen ein Verhalten, das uns immer wieder erstaunt hat. Junge Murmeltiere müssen Feindvermeidung erst lernen. In der ersten Woche reagieren sie kaum oder gar nicht. Selbst wenn man in direkter Nähe beim Bau sitzt und die Elterntiere warnen und verschwinden, die Jungen zeigen anfangs noch keinerlei Feindmeideverhalten. Das führt manchmal auch dazu, dass hier ein Fuchs leichte Beute macht – und eins nach dem anderen holt. Doch davon später.

Für junge Murmeltiere wird dann der Sommer kurz. Einerseits sollen sie wachsen, andererseits müssen sie dazu aber auch noch fett werden. Beides zusammen ist schwierig, im Vergleich mit erwachsenen Tieren bauen sie daher in Beziehung zum Körpergewicht deutlich weniger Fettreserven auf. Hier zählt jeder Tag, und genau deshalb setzen die Eltern viel aufs Spiel, um möglichst früh im Jahr mit der Fortpflanzung zu beginnen. Denn je mehr dem Nachwuchs Zeit bleibt, um zu fressen und ausreichend Fettspeicher anzulegen, desto besser sind die Aussichten, dass sie über den ersten Winter kommen. Geht es um Murmeltiere, dann kommen wir immer wieder auf dieses Zeitfenster im kurzen Bergsommer zurück. Die gesamte Entwicklung des Nachwuchses hängt damit zusammen. Je kürzer die Vegetationszeit am Berg, umso länger brauchen Murmeltiere insgesamt, um geschlechtsreif und erwachsen zu werden. Je nachdem, von welchem Lebensraum und vor allem von welcher Seehöhe wir sprechen, gibt es also zum Teil recht unterschiedliche Angaben über die Geschlechtsreife von Alpenmurmeltieren. In Gebieten mit langem Bergsommer und günstigen klimatischen Bedingungen sind sie bereits nach zwei Wintern geschlechtsreif, in extremen Lebensräumen kann dies auch erst nach vier Wintern der Fall sein. Nach dem zweiten Winter kommen sie im Freiland in der Regel auf etwa 80 Prozent des Gewichtes erwachsener Tiere. Im darauffolgenden Bergsommer, also mit zwei vollen Jahren, werden sie dann erwachsen. Nun kann man sie aufgrund von Gewicht und Körpergröße nicht mehr von älteren Tieren unterscheiden. Im Freiland erkennt man eindeutig also die „Affen“, das sind die diesjährigen Jungen, sie sind oberseits meist einfarbig dunkelgrau. Daneben unterscheidet man noch die Einjährigen und dann die Erwachsenen. Bei Zweijährigen, die vielleicht noch nicht voll entwickelt sind, tut sich jeder Beobachter mit der Zuordnung schon schwer.

Wann und warum wandern die jungen Murmeltiere dann ab? Der Nachwuchs hat in der eigenen Familie nur wenig Aussichten, um je an die Spitze derselben zu gelangen. Dieser Aufstieg ist jedoch mit der Möglichkeit der Fortpflanzung eng verknüpft – und darum dreht sich eben fast alles. Das heißt, es wandern Männchen und Weibchen ab. Das ist bei Säugetieren außergewöhnlich, denn in der Regel verlassen vor allem die jungen Männchen das Revier ihrer Eltern. Nachdem die Familiensituation bei den Weibchen bereits beschrieben wurde, wird aber verständlich, dass es für den weiblichen Nachwuchs daheim sogar noch geringere Chancen auf Fortpflanzungserfolg gibt. Das ist wahrscheinlich auch ein Grund dafür, dass sie noch früher aus ihrer Familie abwandern als die Männchen. Bevor die Tiere aber nicht geschlechtsreif sind, verlassen sie das Territorium ihrer Eltern nicht. Mit zwei oder drei Jahren macht sich dann ein Teil der rangniedrigen Tiere auf Wanderschaft. Die meisten sind drei Jahre alt, und länger als bis zum Alter von fünf oder sechs Jahren bleibt keiner. Ein Teil der Murmel wandert also recht spät ab. Auch das ist sehr auffallend für so ein kleines Säugetier, das maximal zehn bis zwölf Jahre alt wird. Murmeltiere helfen damit einerseits der eigenen Familiengruppe. Andererseits ist die Wanderschaft gefährlich und riskant, denn abgesehen von Feinden ist es schwer, ein Revier zu finden oder zu erobern. Der Auswanderer sollte also erwachsen und in guter Kondition sein. Zweijährige können zwar auch bereits alleine überwintern, aber in der Gruppe kommt man sicherer über die kalte Jahreszeit – das bringt nebenbei auch der Familie Vorteile, und junge Männchen können sogar mit dem ein oder anderen Nachkommen rechnen. Murmeltiere wählen also einen Kompromiss zwischen Bleiben und Gehen, und der dient sowohl der Gruppe als auch dem Einzeltier.

Little Buddha.

Erwachsene Murmeltiere können bis zu zwei Kilogramm Fett speichern. Damit schaffen sie es, bis zu sieben Monate im Winterschlaf zu überdauern. Für ein paar Wochen sollte der Fettvorrat dann auch noch in den Frühling hineinreichen.

Mitte April im Schneekar.

Der Ausgang aus dem Winterbau liegt mitten in den Schneefeldern in der linken Bildhälfte. Noch steht den Murmeltieren eine harte Zeit bevor.

Ausschnitt aus dem Foto oben.

Die Murmel haben sich durch den Schnee gegraben. Nun beginnt die Fortpflanzungszeit, und auch die Reviere werden jetzt abgesteckt – falls notwendig.

Paarungsspiel.

Gleich, nachdem die Murmeltiere im Frühling vor dem Bau erscheinen, beginnt die Paarungszeit.

Abwandern.

Mitte Mai wandert dieses Murmeltier ab, um ein neues Revier oder auch einen Partner zu finden.

Hier wird's ernst!

Murmeltierkämpfe dauern in der Regel nur kurz. Mit den scharfen Nagern können sich die Gegner ernste Verletzungen zufügen.

Verfolgungsjagd.

Reviere werden im Frühling mit aller Vehemenz gegen Eindringlinge verteidigt.

Im Ring.

Nicht nur Verfolgungsjagden gibt es jetzt im Frühjahr, immer wieder treten die Kontrahenten auch in einen Nahkampf ein.

Markieren.

Reviere werden mit einem Sekret aus den Wangendrüsen markiert.

Nistmaterial.

Ende Mai trägt dieses Murmeltier Nistmaterial in den Kessel ein.

Purer Stress: Frauen unter sich.

Das dominante Weibchen in einer Familie unterdrückt und bedrängt andere Weibchen immer wieder. Die Folge: Nur das dominante Weibchen bringt Junge.

Gemeinschaft.

Alpenmurmel zählen zu den geselligsten Murmeltierarten. Das Leben in Gemeinschaft ist Voraussetzung dafür, dass die Jungtiere über den Winter kommen.

„Katze“ – weibliches Murmel.

Nur selten erkennt man das Geschlecht beim Murmel so deutlich. Die Weibchen haben 4 Paar Zitzen. Im Schnitt wirft ein Weibchen 3 bis 4 Junge.

„Affe" – der Nachwuchs.

Anfang Juli – mit rund 40 Tagen – erscheinen die jungen Murmeltiere zum ersten Mal vor dem Bau. Sie zeigen dann noch kaum Feindmeideverhalten.

Affe und Katze Ende Juli.

Die Jungen nehmen im Sommer, gleich nachdem sie vor dem Bau erscheinen, schon Pflanzennahrung auf. Dieses Jungtier hier ist bereits entwöhnt.

Mutterglück.

Die Murmeltierweibchen bringen nicht jedes Jahr Junge. Ein besonders langer Winter, späte Schneefälle und wenig Nahrung, dann setzen sie ein Jahr aus.

Affe und Katze Anfang September.

Nach einem kurzen Bergsommer hat das Junge ein Fünftel seines endgültigen Körpergewichtes erreicht. Ohne Familie würde es den Winter nicht überleben.

Nasenreiben.

Sozialkontakt ist wichtig für den Erhalt der Gemeinschaft. Hier wird offensichtlich Geruchskontrolle durchgeführt.

Schneetälchen.

Auf den sattgrünen Rücken liegen die Baue. In den Schneetälchen daneben kommt dann im Hochsommer frische grüne Nahrung nach.

Reiche Auswahl.

Auf artenreichen Almweiden können die Murmel im Sommer aus einem reichhaltigen Angebot wählen. Sie nutzen aber nur wenig vom gesamten Angebot.

Weidewirtschaft.

Almweiden bieten guten Murmeltierlebensraum, sofern die Almen nicht überbestoßen sind.

Wählerisch 1.

Murmeltiere wählen bevorzugt bestimmte Alpenpflanzen mit hohem Gehalt an ungesättigten Fettsäuren. Hier ist dies ein Blatt des Alpen-Löwenzahnes.

Wählerisch 2.

Beim Äsen werden die vorderen Branten wie Hände zu Hilfe genommen. Hier wählt das Murmeltier Frauenmantel.

Salz.

Zwei Murmeltiere vor einer Gamsfalle, in der Salz ausgelegt wurde. Murmeltiere lieben Salz, sie haben diese Salzlecke regelmäßig besucht.

Jugend im Herbst.

Anfang Oktober sind diese jungen Murmel noch einmal vor den Bau gekommen. Nun wird kaum noch Nahrung aufgenommen, die Fettreserven sind angelegt, und nach dem ersten Kälteeinbruch wird der Kessel verschlossen.

Wo bleibt der Winterschnee?

Mitte Februar, und noch immer keine geschlossene Schneedecke am Berg. Ohne isolierende Schneeschicht friert der Boden tief durch – für die Murmeltiere wird das gefährlich!

Sechstes Kapitel:

Wählerisch: Besondere Äsung für Winterschläfer

Über die notwendige hohe Qualität der Murmeltiernahrung wurde bereits kurz im Zuge des Winterschlafes gesprochen. Wer auf gute Nahrungsqualität setzt, der frisst nicht einfach, was ihm vor die Nase kommt, ganz im Gegenteil, er wählt nach Pflanzenarten und auch nach bestimmten Pflanzenteilen. Einst dachte man, Murmeltiere seien flexible Generalisten, die das gesamte vorhandene Angebot nutzten. Doch weist bereits der Russe Bibikow darauf hin, dass dies nur dann zutreffen würde, wenn sie mehr oder weniger gleichmäßig verteilt wären. Tatsächlich ist das aber selbst in ausgedehnten, gleichförmig scheinenden Steppen nicht der Fall. Siedeln also jene, die auf Qualität setzen, dort, wo sie diese auch finden? Mit anderen Worten: Welche Rolle spielt die Nahrungsqualität im Siedlungsmuster der Murmeltiere? Wer hier nach einer Antwort sucht, der trifft zunächst immer wieder auf Hinweise, die mit der Bodenfeuchte zu tun haben. Es geht um die Nähe zu Bachufern, um Unterhänge, Senken in der Nähe von Feuchtwiesen, Schneetälchen oder kleinere Schneefelder, die bis weit in den Frühling hinein liegenbleiben, sowie Feuchtwiesenhänge – oder eben um Bereiche zwischen Bächen, wo allein schon die Luftfeuchtigkeit ein wenig höher ist. Nun sollte ein Bewohner von Erdhöhlen wasserführende Hänge eigentlich meiden. Das tun Murmeltiere auch, doch hier spielt das Kleinrelief eine wichtige Rolle. Während der Bau auf dem Rücken liegt, kann es daneben in einer wasserzügigen Senke oder in einem Schneetälchen lange feucht bleiben. Große Gletschermoränen, Hänge oder Schuttkegel weisen also im Kleinen vor Ort ganz unterschiedliche

Strukturen auf. Und die Bedeutung der Feuchtigkeit? Sie ahnen es sicher, diese spielt eine zentrale Rolle, wenn es um üppige krautreiche Vegetation oder saftig grüne Grasfluren geht. Das hängt nicht nur mit den Pflanzenarten zusammen, sondern auch damit, wo und wie lange frisches Grün zur Verfügung steht. Wenn nämlich Schneefelder erst spät im Juni ausapern, dann wächst dort noch im Hochsommer frische grüne Vegetation mit hoher Nahrungsqualität und guter Verdaulichkeit. Erinnern wir uns: Typische Steppen sind geprägt durch Winterkälte, eher trockene Sommer und geringe Niederschläge.

Bleiben wir noch kurz bei diesem Thema. Murmeltiere bewohnen viele Gebirgszüge Asiens, einer der größten unter ihnen ist der Tienschan, der von China über Kirgistan, Usbekistan bis Kasachstan und Tadschikistan reicht. Dort leben Graue Steppenmurmeltiere, deren untere Verbreitungsgrenze häufig entlang jener montanen Steppenzone verläuft, wo die Schneedecke im Frühjahr – Ende März, Anfang April – allmählich verschwindet. Dimitrij Bibikow führt das Verteilungsmuster der Murmeltiere auf die Verfügbarkeit der Nahrung zurück, und er ergänzt, dass die Lage der Murmeltierkolonien mit der Verteilung von Schneefeldern zusammenhängt. Am besten wäre ein Mosaik aus spät ausapernden Schneeflecken. In den hochalpinen Tälern des Pamir- und Tienschangebirges herrscht kontinentales Klima, weil die hohen Bergketten Niederschläge abhalten. Schneefelder wechseln daher ungleichmäßig mit trockenen Bereichen – auch der Wind spielt dabei eine Rolle. Besonders günstige Lebensbedingungen gibt es entlang der Grenzflächen unterschiedlich dicker Schneedecken. Wie gesagt: Auf Rücken oder südexponierten Hängen wird der Schnee abgeweht, oder er apert früher weg, in der Senke daneben bleibt er lange liegen. Dazu merkt der russische Murmeltierforscher auch an, dass sich auf Schneefeldern Staub und feinste Bodenteilchen ansammeln, über Jahrtausende entsteht damit an solchen Orten, wo der Schnee länger liegen bleibt, eine Bodenschicht aus feinkrumiger

Erde. Jeder, der viel im Gebirge unterwegs ist, weiß, was gemeint ist. An solchen Plätzen wachsen während des ganzen Sommers frische grüne Pflanzen, von deren Blättern, Blüten und Sprossen sich Murmeltiere ernähren. Bibikow konnte in der ehemaligen Sowjetunion eine enorme Vielfalt von asiatischen Murmeltierlebensräumen studieren. Nach seiner Erfahrung spielen Dauer, Verteilung und Zusammensetzung der Schneedecke für viele Murmeltierarten eine sehr wichtige Rolle. Damit genug über Schneeverteilung, Pflanzenwachstum, Nahrungsqualität und Murmeltiervorkommen. Vielleicht geht ja der eine oder andere in Zukunft mit anderen Augen über Bergmatten.

Weidewirtschaft

Ein weiterer wichtiger Faktor ist in unserer Kulturlandschaft die Beweidung. Wer denkt, dass nur die Alpen ein Jahrtausende alter Kulturraum sind, der sollte vielleicht einmal einen Blick in asiatische Gebirge werfen. Auch dort hat der Mensch über Jahrtausende alpine Lebensräume genutzt und gestaltet. Bibikow schreibt dazu, dass sich sowohl in den Bergen des Tienschan, wie auch in der Mongolei stabile Murmeltierkolonien in der Nähe von Bauernhöfen oder in der Umgebung von Winterlagern und Zeltplätzen der Nomaden halten. Der Grund? Die artenreiche und qualitativ hochwertige Flora, die dort auf ergiebigen Böden wächst, lockt Murmeltiere an. Beweidung kann die Qualität von Murmeltierlebensräumen stark anheben. Zum einen werden bestimmte Gräser durch Weidetiere zurückgedrängt, zum anderen bringen sie über Kot und Harn Stickstoff ein. Damit werden krautige Pflanzen, die höhere Ansprüche an die Nährstoffe im Boden stellen, gefördert. Besonders augenfällig wird dies auf den sogenannten Lägerfluren; das sind bevorzugte Liegeplätze rund um Hütten oder Verebnungen, wo das Vieh gerne beim Wiederkauen ruht. Auch rund um einzelne große Felsblöcke kann man manchmal Pflanzengemeinschaften entdecken, die höhere Ansprüche an den Stickstoffgehalt im Boden stellen. Das sind oft auch bevorzugte Liegeplätze von Wildtieren, und dort sammelt sich ebenfalls mehr Kot an. Daneben herrscht rund um solche Felsblöcke ein günstiges Mikroklima für das Pflanzenwachstum. Tiere nutzen solche Felsen gerne, weil es im Sommer dort Schatten gibt, bei Sturm und Schnee bietet der Fels aber auch Deckung – mancher Murmelbau liegt auch darunter. Wird die Weidewirtschaft fürsorglich betrieben und sind die Almen nicht überbestoßen, dann wächst auch im August noch einmal frisches Grün nach, womit länger Pflanzen mit hoher Nahrungsqualität verfügbar sind. Daneben verhindert die Beweidung, dass verfilzte Matten aus abgestorbenem Gras entstehen. Dort wächst die Bodenvegetation erst spät im Frühjahr durch den Grasfilz, krautige Pflanzen verschwinden mehr und mehr, und Gräser nehmen zu. Den Murmeltieren fehlt es hier an qualitativ hochwertiger Nahrung und im Frühjahr auch an Deckung.

Die Pflanzen im Nahrungsspektrum umfassen Dutzende Arten. Das Angebot ist je nach Jahreszeit und Vegetationsentwicklung ganz unterschiedlich. Das führt dazu, dass nicht nur das Nahrungsspektrum im Lauf des Jahres wechselt, es führt auch dazu, dass je nach Jahreszeit ganz unterschiedliche Pflanzenteile genutzt werden. Das heißt, wenn sich im Frühling die Oberflächenvegetation nur langsam entwickelt, nehmen die Murmeltiere auch unterirdische Knollen, Zwiebeln oder Wurzeln – der Anteil ist jedoch gering. Im Juni, wenn alles blüht, stehen auch Blüten auf dem Speiseplan, und gegen Ende des Sommers sind schon die Samen von Gräsern dabei. Neben Pflanzen kann zu einem verschwindend geringen Teil auch tierische Nahrung aufgenommen werden, das wären zum Beispiel Insekten oder Eier von Bodenbrütern. Auch Salzlecken besuchen Murmeltiere gerne. Insgesamt wählen die Murmeltiere im Frühling noch weniger – zunächst geht es ja einmal nicht darum, Fettvorräte anzulegen, sondern, nachdem die Fettreserven erschöpft sind, muss einfach nur der tägliche Bedarf abgedeckt werden. Nebenbei ist das Angebot so früh im Jahr auch noch weniger reichhaltig. Etwa ab Ende Mai, Anfang Juni werden wieder Fettvorräte aufgebaut, wobei hier wiederum der Hinweis nicht fehlen darf, dass säugende Weibchen erst etwa drei Wochen später mit der Anlage von Fettspeichern beginnen können, weil sie zunächst einmal die Energie für ihre Jungen brauchen. Ende Juni, Anfang Juli sieht die Sache dann schon ganz anders aus. Jetzt können Murmeltiere aus einem reichen Angebot an Pflanzen wählen – und das tun sie nun auch. Täglich kann ein erwachsenes Tier dabei 1 bis 1,5 Kilogramm Pflanzenmasse aufnehmen.

Wonach wird gewählt?

Beim Winterschlaf geht es, wie an entsprechender Stelle angeführt, um mehrfach ungesättigte Fettsäuren. Sie können nur mit der Nahrung aufgenommen werden. Das ist auch bei uns Menschen so – der eine oder andere hat sicher schon einmal von „Omega-Fettsäuren" gehört. Zu diesen ungesättigten Fettsäuren zählen die Linol- und die Linolensäure. Beide sind für den Menschen essentiell. Das heißt, sie sind für den Organismus lebensnotwendig, weil er sie selbst nicht aus anderen Nährstoffen herstellen kann. Dasselbe gilt auch für andere Säuger, wie eben Murmeltiere. Zu wenig Linol- oder Linolensäure führt zu Mangelerscheinungen beim Menschen. Wir erhalten sie zum Beispiel mit pflanzlichen Ölen oder Fetten. Linolsäure ist zweifach ungesättigt, die Linolensäure ist eine dreifach ungesättigte Fettsäure. Ohne hier allzu weit in die Tiefe zu gehen: Ungesättigte Verbindungen sind reaktionsfreudiger als gesättigte. Das führt unter anderem dazu, dass pflanzliche Öle mit hohem Anteil an ungesättigten Fettsäuren schneller ranzig werden als etwa Schweinefett oder Kokosfett. Denken wir an Walnüsse, Rapsöl, Leinöl oder Hanföl. Ein besonders wichtiges Merkmal dieser ungesättigten Fettsäuren ist ihr niedriger Schmelzpunkt! Die Bezeichnung „zwei- oder dreifach ungesättigt“ bezieht sich auf Doppelbindungen der Kohlenstoffatome – je mehr es gibt, desto niedriger liegt der Schmelzpunkt. Mit anderen Worten: Mehrfach ungesättigte Fettsäuren sind auch noch bei tiefen Temperaturen flüssig. Das heißt, sie stehen einem Winterschläfer auch dann noch zur Verfügung, wenn die Körpertemperatur weit absinkt. Mehr brauchen wir hier nicht. Nur so viel noch: Essentielle Fettsäuren spielen auch eine wichtige Rolle bei vielen Stoffwechselprozessen – besonders, wenn es um Membrane der Zellen geht. Membrane bilden die Außenhaut der Zellen und sind aus Fetten aufgebaut. Nun kann man sich vorstellen, dass bei einem Murmeltier mit einer Körpertemperatur von wenigen Grad im Winterschlaf kaum noch etwas durch diese Zellmembrane gehen würde, wären diese Bausteine aus weißem Fett, das ja erst bei etwa 25 Grad Celsius flüssig wird. Hier sind für einen Winterschläfer die ungesättigten Fettsäuren eine wichtige Voraussetzung, weil sie es eben auch noch bei tiefen Temperaturen ermöglichen, dass die Fließfähigkeit von Stoffen durch die Zellmembran erhalten bleibt – nur so kann der Stoffwechsel auch noch bei tiefen Körpertemperaturen funktionieren. Womit wir nun recht weit in das Thema eingestiegen sind.

Grundsätzlich wird zwischen weißem und braunem Fettgewebe unterschieden. Das weiße Depotfett ist ein Energiespeicher, der zusätzlich auch isoliert. Die Erklärung dafür ist einfach: Fett ist ein schlechter Wärmeleiter und schützt deshalb darunterliegendes Gewebe. Beim Menschen liegen zum Beispiel etwa zwei Drittel der Fettvorräte in der Unterhaut. Bei Bedarf können Fette wieder gespalten und zur Energiegewinnung genutzt werden. Braune Fette dienen der direkten Wärmeerzeugung. Dieses Fett wird in den Zellen verbrannt, die dabei erzeugte Wärme wird mit dem Blut abtransportiert. Im Körper erwachsener Menschen ist braunes Fett kaum zu finden, es kommt allerdings bei allen neugeborenen Säugetieren vor – also auch bei den Menschenkindern. Der Grund dafür ist, dass Neugeborene aufgrund ihrer geringen Größe mehr Wärme verlieren, Wärmezittern ist für sie keine mögliche Alternative. Daneben gibt es dieses braune Fett vor allem bei kleinen Tierarten, die nicht schwerer als zehn Kilogramm werden. Viele Nagetiere, und besonders Winterschläfer wie das Murmeltier, besitzen solche besonderen Fettvorräte, sie helfen den Tieren auch, dass sich ihr abgekühlter Körper beim Aufwachen aus dem Torpor rasch wieder erwärmt. Die Murmeltierforschung zeigt uns heute, dass Murmeltiere gezielt Pflanzen und Pflanzenteile wählen, die einen hohen Anteil an essentiellen Fettsäuren haben. Im Grunde genommen ist das nicht außergewöhnlich, denn jede Maus und jedes Eichhörnchen, das im Herbst nach Nüssen oder Samen sucht, tut dasselbe. Das Besondere daran ist eben nur, dass uns dies bei der Nuss völlig klar ist, weil wir wissen, dass man vom vielen Nüsse-Essen fett wird. Bei grünen Bodenpflanzen fällt uns das viel weniger auf, obwohl es eben auch hier deutliche Unterschiede zwischen verschiedenen Pflanzen und Pflanzenteilen gibt. Bauern, die im Sommer ihr Vieh auf Almen treiben, wissen sehr gut, auf welchen Weiden die Rinder fett werden. Walter Arnold wies nach, dass Murmeltiere ihre Reviere auch ausweiten, nur um an besonders nahrhafte Äsung zu kommen. Je nach vorherrschender Pflanzengesellschaft in einem Murmeltierrevier unterscheidet sich sogar die Zusammensetzung der Fettreserven, und je mehr es Linolensäure im weißen Fett gibt, desto tiefer kann die Körpertemperatur während des Winterschlafs gesenkt werden. So sparen die Murmel Energie, und der Gewichtsverlust während der Wintermonate ist geringer. Damit steigen nicht nur die Überlebenschancen, die Tiere sind im Frühjahr, wenn sie aufwachen, auch in besserer Kondition, was sich wahrscheinlich wiederum positiv auf Paarung und Fortpflanzung auswirkt. Die ersten ein bis zwei Wochen, nachdem die Murmeltiere im Frühling aus dem Bau kommen, fressen sie noch gar nichts, sondern zehren von den letzten vorhandenen Fettreserven.

Pflanzenarten

Besonders viel Linolensäure findet man etwa in Löwenzahn oder Bärenklau, bei verschiedenen Schmetterlingsblütlern oder auch in Laucharten. Oft ist allein schon die Flora rund um einen Murmelbau reich an stickstoffliebenden nahrhaften Pflanzen, weil der Boden durch den Kot der Tiere gedüngt wird. Genaue Listen zu bevorzugten Nahrungspflanzen fehlen derzeit noch – wobei natürlich immer auch das Angebot in Abhängigkeit von Grundgestein und Kleinstandort wechselt. Insgesamt werden zweikeimblättrige Pflanzen bevorzugt, also krautige Blütenpflanzen, deren Keimlinge, wie der Name sagt, zwei Blätter aufweisen. Die Gräser zählen zu den Einkeimblättrigen. Jede Liste muss also unvollständig bleiben. Daher hier nur eine kurze Übersicht zu einigen bevorzugten Nahrungspflanzen der Murmeltiere:

Krokus *(Crocus vernus albiflorus),*
Trollblume *(Trollius europaeus)*
Wiesen-Fuchsschwanz *(Alopecurus pratensis),*
Alpenklee *(Trifolium alpinum)*
Tragant *(Astragalus sp.),*
Labkraut *(Galium anisophyllon),*
Mutterwurz *(Ligusticum sp.),*
Alpen- oder Bergwegerich *(Plantago alpina, P. atrata)*
Berg-Spitzkiel *(Oxytropis)*
Alpen-Lieschgras *(Phleum alpinum)*
Alpen-Löwenzahn *(Taraxacum alpinum)*
Zwiebel-Rispengras *(Poa bulbosa)*
Laucharten *(Allium)*
Wiesen-Kümmel *(Carum carvi)*
Hahnenfußgewächse *(Ranunculus)*
Bockshornklee *(Trigonella)*
Frauenmantel *(Alchemilla vulgaris)*

Verdauungssystem und Temperatur

Dass Murmeltiere bei der Nahrungsaufnahme gezielt wählen und junge Triebe, Blätter oder bestimmte Blüten bevorzugen, kann man leicht beobachten. Fette sind zwar etwas schwerer zu verdauen als Kohlenhydrate oder Proteine – sie sind kaum wasserlöslich und müssen daher länger im Verdauungstrakt verbleiben – dafür liefern sie aber Brennstoff: Aus ihnen werden Energiespeicher aufgebaut, und sie bilden Bausteine von Zellmembranen. Noch viel schwerer verdaulich ist jedoch Zellulose. Wiederkäuer haben deshalb mehrere Magenteile, in denen jeweils bestimmte Verdauungsschritte ablaufen. Bei der Aufschlüsselung und Verdauung sind viele Mikroorganismen beteiligt. Jene Pflanzenfresser, die dagegen nur einen einteiligen Magen haben, helfen sich mit einem großen Blinddarm, in dem die Nahrung länger verweilt und daher besser aufgeschlossen werden kann. Zu ihnen gehören die Murmeltiere. Zwar sind auch hier Mikroorganismen wichtig für das Aufschließen von Zellulose, aber Zelluloseverdauung ist kompliziert. Günstig ist dafür jedenfalls eine große Gärkammer mit viel Platz. Einem kleinen Pflanzenfresser fehlen dafür die Voraussetzungen. Dazu kommt, dass diese Mikroorganismen, die ja in Symbiose mit ihrem Wirtstier leben, auch versorgt werden müssen. Kleine Pflanzenfresser können sich also die aufwendige Zelluloseverdauung kaum leisten. Murmeltiere meiden aus diesem Grund schwerverdauliche Nahrung und bevorzugen stattdessen junge, zellulosearme Pflanzenteile. Das ist auch ein Grund dafür, dass Weidetiere eigentlich keine Konkurrenz für Murmeltiere sind. Im Gegenteil, geregelte, nicht übermäßig starke Beweidung verbessert das Nahrungsangebot für die Mankei beträchtlich.

In einer großen Gärkammer entsteht bei der Verdauung viel Wärme, das kommt großen Wiederkäuern im Winter zugute, im Sommer kann es für sie aber auch zu einem Problem werden. Deshalb suchen zum Beispiel Hirsche Kühlung auf letzten

Schneefeldern, in schattigen Gräben oder an windexponierten Stellen. Auch Murmeltiere kommen mit hohen Temperaturen nicht gut zurecht, sie haben kaum Schweißdrüsen und können auch nicht wie Hunde hecheln. Murmeltiere sind gut an eher kühle Umgebung angepasst. Das ist wahrscheinlich auch ein Grund, weshalb sie tiefere Lagen nicht besiedeln, sondern lieber oben in größeren Höhenlagen bleiben. An heißen Sommertagen zur Mittagszeit suchen sie daher gerne Kühlung im Bau. Wer denkt, Murmeltiere seien Sonnenanbeter, die gerne auf Felsen Wärme tanken, der irrt. Der Fels als Liegeplatz dient viel eher der Abkühlung, breit hingestreckt suchen die Tiere möglichst großflächig Kontakt mit dem kühlen Untergrund. Wird es zu heiß, müssen sie dennoch in den Bau. Murmeltiere sind allerdings strikt tagaktiv! Bei Hitze müssen sie über die Tagesmitte längere Pausen einlegen. Diese Zeit fehlt für die Nahrungsaufnahme. Hitze sowie häufige Störungen durch den Menschen oder Raubfeinde beeinflussen also den Tagesablauf und damit auch die Qualität der Lebensräume von Murmeltieren. Womit wir beim nächsten Thema wären: der Feindvermeidung.

KURZ & BÜNDIG

- Bodenfeuchte ist ein wichtiger Faktor hinsichtlich qualitativ hochwertiger Murmelnahrung.
- Murmeltiere bevorzugen junge, zellulosearme Pflanzenteile – Zellulose ist nämlich schwer verdaulich. Eine maßvolle Beweidung kann die Qualität von Murmeltierlebensräumen daher stark anheben.
- Ein erwachsenes Murmel kann Ende Juni/Anfang Juli pro Tag 1 bis 1,5 Kilogramm Pflanzenmasse aufnehmen.

Siebtes Kapitel:

Pfeif drauf – Feindvermeidung

Ein wesentliches Kennzeichen für geeignete Murmeltierlebensräume ist, dass sich die Tiere untereinander verständigen können. Das geschieht – neben den bereits beschriebenen Duftmarken – über Sichtkontakt und über Laute. Diese Lautäußerungen bezeichnen wir als „Pfeifen“. Tatsächlich sind das Schreie in einer sehr hohen Tonlage. Mit ihnen warnen die Murmeltiere vor Feinden. Offenes Gelände und freie Sicht sind wichtige Voraussetzungen für geeigneten Murmeltierlebensraum. Studien aus dem Nationalpark Gran Paradiso in Italien zeigen, dass Alpenmurmeltiere im offenen Lebensraum, weit weg von der Baumgrenze, deutlich weniger oft sichern als dort, wo die Lebensräume unmittelbar an die Waldgrenze anschließen.

Murmeltiere erfassen Gefahren mit den Augen und melden dies akustisch, womit auch die anderen Mitglieder der Kolonie aufmerksam gemacht werden – der Geruchssinn spielt bei der Feindvermeidung eine untergeordnete Rolle. Bibikow gibt an, dass Murmeltiere, die in der Nähe eines Grates oder in sehr engen Tälern leben, auch auf Pfiffe vom Gegenhang reagieren, weil sie in ihrer Umgebung nur ein sehr eingeschränktes Sichtfeld haben. Die erfolgreiche Entwicklung und das Bestehen einer Murmelkolonie hat also auch viel mit Kommunikation zu tun! Das Besondere daran ist, dass sich die Tiere bei Gefahr nicht nur einfach in Sicherheit bringen, sondern dass sie über Pfiffe auch andere Mitglieder der Kolonie warnen. Dieses Verhalten kommt allen zugute, es ist besonders charakteristisch für Murmeltiere, aber auch für eine Reihe anderer Nagetiere.

Jeder Murmelkenner verbindet die schrillen, hohen „Alarmpfiffe“ ganz selbstverständlich mit dieser Tierart. Tatsächlich hat sich dieses Informationssystem durch evolutive Anpassung über Jahrtausende entwickelt. Was uns dabei jedoch vordergründig einfach und klar erscheint, ist bei genauer Beobachtung dann oft keineswegs so, wie es auf den ersten Blick aussieht. Wir möchten hier nicht zu weit in die Tiefe gehen, sondern nur einige interessante Aspekte herausgreifen. Mittlerweile ist aus dem Studium dieser Alarmlaute beinahe ein eigener Wissenschaftszweig geworden. Damit versucht man auch zu erklären, wie Sprache entstanden sein könnte und womit die akustische Verständigung überhaupt zusammenhängt. Einer, der sich dabei besonders hervortut, ist Daniel T. Blumstein vom Department für Ökologie und Evolutions-Biologie an der Universität von Kalifornien. Er hat sich intensiv mit Murmeltieren und deren Verständigungssystem auseinandergesetzt. Murmeltiere erzeugen eine breite Palette von Lauten, man kann dabei von „Pfeifen", „Zirpen" oder „Zwitschern" sprechen. Die Alarmrufe werden einfach oder in Form von Serien abgegeben. Die einzelnen Arten kann man dabei ganz gut unterscheiden. Bei unserem Alpenmurmeltier unterscheidet man zum Beispiel eine Serie, die in der Regel aus vier kurzen Schreien besteht; daneben gibt es einen einzelnen, etwas mehr in die Länge gezogenen Alarmruf. Immer wieder wird dazu angemerkt, dass sie damit auf unterschiedliche Weise vor Luft- oder Bodenfeinden warnen. Eigentlich hat das aber nichts damit zu tun, oft ist es einfach so, dass je nach Gefahrenquelle eben mehr oder weniger Zeit bleibt, um einen oder mehrere Schreie abzugeben. Ganz trifft das den Nagel aber auch noch nicht auf den Kopf. Wir werden gleich sehen, dass auch Stress, Verwandtschaft und die Mutter-Kindbeziehung dabei eine Rolle spielen können.

Grundsätzlich kann man die einzelnen Murmeltierarten anhand ihrer Lautäußerungen gut voneinander unterscheiden. Fest steht dabei: Das „Pfeifen" hat immer Alarmfunktion! Aber schon die Frage, an wen der Pfiff gerichtet ist, ist nicht mehr eindeutig zu beantworten. Man geht heute davon aus, dass die Alarmschreie ursprünglich an den Feind gerichtet waren. Damit wurde dem Raubtier signalisiert: Ich hab dich schon erkannt! Quasi als „kreative Zweckentfremdung“ wurde daraus nebenbei eine Warnung für die Mitglieder der Familie oder Kolonie. Entwickelt hat sich dies über das Sozialsystem. Damit hat sich die Art eine Eigenschaft zunutze gemacht, welche ursprünglich aus einem anderen Grund entstanden ist. Würden Murmeltiere einzeln leben, fiele der Vorteil für andere Artgenossen weg, wenn Tiere aber in Gemeinschaft leben, dann profitieren alle Tiere von der Botschaft an das Raubtier. In jedem Fall reagieren andere Murmeltiere eindeutig auf das Pfeifen, indem sie sichern, die Nahrungsaufnahme unterbrechen oder in den Bau oder eine Fluchtröhre flüchten. Aber (!), nicht jedes Murmeltier pfeift sofort, wenn es einen Feind entdeckt. Häufig sucht es zunächst einmal einen sicheren Ort, dort richtet es sich auf, um die Gefahrenquelle besser zu lokalisieren, und erst dann gibt es Alarm. Jene, die gleich beim Bau oder in der Nähe einer Fluchtröhre sind, können ohne sich selber zu gefährden auch gleich aufsitzen und drauflos pfeifen. Im Gegensatz zu manchen Vogelarten, die ebenfalls vor Feinden warnen, rufen also Murmeltiere nicht zuerst und suchen dann einen sicheren Platz. Bei genauer Beobachtung erkennt man, dass sie zuerst einmal sich in Sicherheit bringen, danach aufmerksam beobachten, und erst dann entscheiden sie, ob sie nun einen Alarmruf abgeben oder nicht. Nicht jedes Murmeltier ruft also immer und in jedem Fall „Achtung!“ Langjährige Beobachtungen bei verschiedenen Murmeltierarten zeigen zudem, dass der „Pfeifer“ oder Alarmrufer so gut wie niemals der Gefahr zum Opfer fällt. Das heißt: Keine Rede von einem völlig selbstlosen Warnen aller anderen Gruppenmitglieder. Doch auch hier stimmt die Aussage wieder nicht ganz. Werden wirklich *alle* anderen Gruppenmitglieder gewarnt?

Untersuchungen an amerikanischen Gelbbauchmurmeltieren haben gezeigt, dass die Murmeltiermütter besonders intensiv warnen, wenn deren Junge vor dem Bau sind. Die Warnung der

Jungen scheint eine vorrangige Funktion ihrer Alarmpfiffe, man kann dabei von elterlicher Fürsorge sprechen. In diesem Fall geht die Botschaft also eindeutig nicht mehr an den Feind, sondern an den eigenen Nachwuchs. Wie bereits erwähnt, müssen junge Alpenmurmeltiere die Bedeutung der Alarmrufe offenbar erst erlernen. Wer sich viel mit dieser Wildart beschäftigt, der weiß, dass die Jungen in der ersten Woche vor dem Bau noch kaum oder gar kein Feindmeideverhalten zeigen. Man kann sich in dieser Zeit neben den Bau setzen und den Jungen aus nächster Nähe zuschauen, in Ausnahmefällen kann man sie sogar mit der Hand fangen. Ob hier von Alpenmurmeltieren auf Gelbbauchmurmeltiere geschlossen werden kann, bleibt offen. Für letztere hat Blumstein jedenfalls herausgefunden, dass ein erhöhter Stresshormonspiegel ebenfalls mit größerer Bereitschaft für Alarmrufe verbunden ist, und besonders bei Gelbbauchmurmeltiermüttern wurden erhöhte Stresshormonwerte nachgewiesen. Blumstein schließt daraus, dass dieser Hormonspiegel mit dazu beiträgt, dass besonders Mütter mit Jungtieren viel häufiger und intensiver warnen. Natürlich tun das aber auch andere Tiere – nur eben deutlich weniger oft. Auf Drohguggern und ähnliche Laute haben wir schon aufmerksam gemacht, ein Schrei, den wir selber noch nie gehört haben, den aber Blumstein als „Angstschrei“ erwähnt, sei hier noch angeführt. Gehört hat ihn der amerikanische Murmeltierforscher, als er ein Jungtier in der Hand hielt. Dazu gibt er an, dass er das Junge beinahe fallen gelassen hat, weil ihn dieser Schrei so erschreckt hat. Dieser Schrei der Angst entsteht, indem sich die Stimme überschlägt – wir kennen dies auch vom Menschen, jeder, der schon einmal einen Psychothriller gesehen hat, weiß was gemeint ist. Damit solche Schrecklaute möglichst weit und gut zu hören sind, sollten sie andere Geräusche überlagern. Im Wald sind daher Warnlaute eher tiefe Töne, im freien Gelände sind das eher hohe Töne.

Fuchs und Adler

Alarmrufe kosten weniger, als sie allen gemeinsam bringen. Sie sind also ein Vorteil für die Art. Früher konnte man dazu oft lesen, dass Alpenmurmeltiere Wächter aufstellen. Das ist jedoch sicher nicht der Fall. Murmel liegen gerne auf Steinen oder erhöhten Warten, die bessere Rundumsicht bieten. Sie sehen ausgezeichnet. Vor allem Bewegungen entgehen ihnen nicht. Der Grund ist folgender. Beim Menschen sind in der Mitte der Netzhaut im hinteren Teil des Auges die Sehzellen am dichtesten zusammengepackt. Dort ist ein kleiner Fleck, die „Makula", jene Stelle des schärfsten Sehens im menschlichen Auge. Hier hat die Netzhaut, die sich ja über den gesamten inneren Augapfel zieht, die größte Auflösung. Mit den Sehzellen rundherum nehmen wir zwar unser Umfeld wahr, aber dies kommt mehr dem Erkennen von Dingen aus den Augenwinkeln gleich. Bei Murmeltieren entspricht die Auflösung über die gesamte Netzhaut unserem Punkt des schärfsten Sehens. Was wir also ungefähr aus den Augenwinkeln wahrnehmen, sehen sie so scharf, wie wir auf der Makula im Zentrum der Netzhaut. Entdecken sie Gefahr, dann bringen sie sich in Sicherheit und schreien vielleicht. Dabei werden offene Flächen im Galopp überquert. Gibt es dort keine Deckung, kann man beobachten, dass sie häufig mit dem Schwanz schlagen. Auch das ist ein Signal, allerdings ein optisches. Es signalisiert, dass das Tier aufmerksam, leicht angespannt oder erregt ist. Murmeltiere klettern und springen auch ausgezeichnet, selbst steilste Hänge oder auch Felswände sind kein Hindernis. Zudem ermöglicht ihnen der flache Schädel, dass sie auch noch durch enge Spalten und Klüfte kommen.

Die Hauptfeinde des Alpenmurmeltieres sind Steinadler und Rotfuchs. Besonders gefährlich werden sie wandernden Murmeltieren, für ansässige Mitglieder einer Kolonie spielen Raubfeinde eine weit geringere Rolle als strenge Winter. Ein erwachsenes Alpenmurmeltier ist mit seinen scharfen Nagezähnen auch für einen Fuchs ein nicht zu unterschätzender Gegner. Ein Fuchs hat also vor allem Chancen bei Jungtieren oder aus dem Hinterhalt, wenn er überraschend zupackt. Im Juli, wenn die Jungtiere vor den Bau kommen, jagen Füchse dann oft auch bei Tag. Insgesamt sind Bergfüchse aber ohnehin mehr tagaktiv. Eine italienische Studie zeigt die jahreszeitliche Nahrungszusammensetzung von Bergfüchsen recht anschaulich. Auch Bergfüchse sind Generalisten und nutzen das gesamte Repertoire an möglicher Nahrung, worunter Kleinsäuger den größten Teil ausmachen. Neben Mäusen haben sich die italienischen Füchse von Dezember bis Mai vor allem von Fallwild, Abfall, Schneehasen, aber auch Regenwürmern ernährt. Im Frühsommer erfolgte dann eine Umstellung, und von Juni bis November waren nun Käfer und Murmeltiere ein wichtiger Teil der Beute.

Auch für den Steinadler ist das Murmeltier eine bedeutende Beute. Gegen den Adler sind Murmel in der direkten Konfrontation chancenlos. Heinrich Haller, der Leiter des Schweizerischen Nationalparks, schreibt in seiner Arbeit über den Steinadler in Graubünden, dass das Murmeltier für jene Adler, die Reviere besetzen, im Kanton das wichtigste Beutetier darstellt. Geht es nach der Stückzahl aller Beutetiere, dann entfallen dort 60 Prozent auf das Murmeltier. Geht es nach der Masse, sind es sogar über 70 Prozent. Geschlagen wurden alle Altersgruppen, und es gab auch keinen Unterschied zwischen den Geschlechtern. Auch wenn Steinadler je nach Brutrevier und Angebot ein weites Spektrum an Beutetieren nutzen, das Murmeltier stellt in den Alpen im Sommerhalbjahr die wichtigste Beute dar. Generell bevorzugen Adler mittelgroße Beutetiere mit einem Gewicht von bis zu 5 Kilogramm. Erwachsene Alpenmurmeltiere wiegen im Frühjahr nach dem Winterschlaf etwa 3 Kilogramm – womit sie in die ideale Gewichtsklasse fallen.

Murmel, Hund und Mensch

Bei einem Adlerangriff bleibt oft nur noch Zeit für einen Pfiff, und weg sind die Mankeis. Durchstreift ein Fuchs eine Murmelkolonie und wird er rechtzeitig entdeckt, begleitet ihn oft ein regelrechtes Pfeifkonzert. Dasselbe gilt auch für den treuesten Begleiter des Menschen: den Hund.

Hunde und Menschen werden zunehmend ein Thema als Störfaktor in alpinen Lebensräumen. Die bisher besten Grundlagenstudien dazu lieferte Paul Ingold, der mit seiner Schweizer Forschergruppe die Auswirkungen der Freizeitaktivitäten auf Alpentiere intensiv untersucht hat. Ingold folgert: „Hunde verstärken die Wirkung von Personen auf Tiere in der Regel wesentlich, insbesondere wenn sie frei laufen gelassen werden." Wird ein Hund mitgeführt, reagieren Wildtiere auf größere Entfernung und flüchten oder drücken sich. Das heißt, die Flächenwirkung der Störquelle erhöht sich deutlich.

Kommen wir noch einmal auf die jungen Murmel, die anfänglich wenig Scheu zeigen, zurück. In der Schweiz hat man sich die Fluchtdistanzen dieser Tiere im Juli kurz nach Verlassen des Baues und danach wieder im September angeschaut. Es gab zwei Vergleichsgruppen: eine in der Nähe von Wegen, welche häufig von Wanderern benutzt wurden, die andere abseits von Wegen im freien Gelände. Das Ergebnis ist spannend! Die Jungen in der Nähe der Wanderwege zeigten auch im September kaum größere Fluchtdistanzen als im Juli. Jene Jungtiere aus demselben Jahrgang, die weiter entfernt von Wegen aufgewachsen sind, erhöhten ihre Fluchtdistanz gegenüber dem Menschen in der Zwischenzeit beträchtlich. Bei anfänglich gleicher Scheu wurden die Jungen, die kaum Kontakt mit Menschen hatten, also wesentlich scheuer. Man kann annehmen, dass hier unterschiedliche Erfahrung eine wichtige Rolle spielt. Was geschieht aber nun, wenn ein Wanderer den Weg verlässt und querfeldein geht? Auch hierzu bringen die Schweizer eindeutige Ergebnisse:

Auf den Wegwanderer reagieren Murmeltiere viel weniger heftig als auf den Querfeldeinwanderer. Blieb die Versuchsperson auf dem Weg, so verschwand das Murmeltier in 19 Fällen nur einmal in den Bau. Ging der Wanderer querfeldein, zogen sich die Murmel in 9 von 11 Fällen in den Bau zurück. Die Entfernung zu den Murmeltierbauen blieb vom Weg aus dieselbe wie im Gelände. Was zusätzlich ein Hund ausmacht, verdeutlichen am besten ein paar Zahlen.

Vorauszuschicken ist dabei, dass der Hund an der Leine ist und der Wanderer auch noch mit seinem Hund auf dem Weg bleibt. Grundsätzlich unterscheidet man bei solchen Experimenten zwischen Reaktions- und Fluchtdistanz. Die Reaktionsdistanz ist jene Entfernung, bei der Wildtiere das erste Mal auf eine Gefahrenquelle reagieren. Das kann sein, indem sie die Nahrungsaufnahme unterbrechen, indem sie sichern, aufstehen oder eben einen Warnpfiff abgeben. Bei dem Schweizer Experiment waren die Versuchspersonen auf einem gut ausgebauten Wanderweg unterwegs. War der Wanderer alleine, reagierten die Murmeltiere erst, wenn er auf knapp 40 Meter herangekommen war. Sie flüchteten dann, wenn sich die Entfernung auf etwas mehr als 30 Meter verringerte. War der Wanderer mit Hund an der Leine auf demselben Wanderweg unterwegs, dann reagierten die Murmeltiere bereits auf eine Entfernung von 130 Metern und flüchteten bereits bei etwa 95 Metern. Kurz gefasst: Mit Hund erhöhte sich die Fluchtdistanz der Murmeltiere auf das Dreifache!

In diesem Zusammenhang scheinen vielleicht die Aussagen von Bibikow interessant. Der russische Murmeltierforscher gibt an, dass Wölfe und auch halbwilde Hirtenhunde Murmeltierkolonien in Eurasien oft am stärksten bejagen. Bibikow: „In den Bergen Kasachstans ernähren manche Wolfsrudel ihre Welpen ausschließlich mit Murmeltieren. Die Murmeltiere reagieren auf diese Räuber schon auf große Entfernung." Um Murmeltiere in bisher unbekannten Gebieten leichter zu finden, hat Bibikow oft auch einen Hund mitgenommen. Beim Menschen verschwinden die Tiere häufig lautlos, Hunden gegenüber stimmen sie jedoch ein Pfeifkonzert an. Aus Nordamerika wird Ähnliches – speziell in Zusammenhang mit Kojoten – berichtet. Bedingt durch die Gefahr, unterbrechen Murmeltiere die Nahrungssuche immer wieder, um zu sichern, womit dann insgesamt oft mehr Zeit verbracht wird als mit Fressen oder Ruhen.

Der Vollständigkeit halber sei hier auch noch erwähnt, dass Alpenmurmeltiere auf Gleitschirmflieger kaum reagieren – ganz im Gegensatz zu Gams und Steinwild. Obwohl der Steinadler also ein wichtiger Raubfeind ist, können Murmeltiere offenbar zwischen gefährlichen und ungefährlichen Flugobjekten unterscheiden.

KURZ & BÜNDIG

- Offenes Gelände und freie Sicht sind wichtige Voraussetzungen für einen geeigneten Murmeltierlebensraum. In einem solchen Gelände können Feinde gut erkannt und einer Gefahr frühzeitig vorgebeugt werden.
- Bei Gefahr stößt das Murmeltier schrille hohe „Alarmpfiffe“ aus. Genaugenommen handelt es sich dabei aber nicht um einen Pfiff, sondern um einen Schrei.
- Die Hauptfeinde des Alpenmurmeltieres sind Steinadler und Fuchs.
- Hunde stellen einen zunehmend an Bedeutung gewinnenden Störfaktor im Murmeltierlebensraum dar. Sie verstärken die störende Wirkung von Menschen auf Tiere beträchtlich, insbesondere wenn sie frei laufen gelassen werden.

Achtes Kapitel:

Mitten im Leben: Entwicklungsgeschichte, Sozialsysteme, Parasiten und Klima

Das Leben in der Gruppe bringt Vor- und Nachteile. Zunächst erhöht die gemeinsame Achtsamkeit – ebenso wie die Warnrufe gegenüber Feinden – die Sicherheit aller. Das Leben in der Gruppe geht aber auch auf Kosten der Fortpflanzung, weil ein kompliziertes Sozialsystem verhindert, dass nicht alle Weibchen in einer Familie Junge aufziehen. Das heißt, viele Weibchen können erst mit einigen Jahren Verzögerung ihren eigenen Nachwuchs zur Welt bringen. Ausgeglichen wird dies insgesamt aber wieder durch die Jungenfürsorge, also die gemeinsame Überwinterung. Dadurch steigt die Überlebenswahrscheinlichkeit der Jungtiere.

Die ersten Hörnchen haben sich im Oligozän vor ungefähr 30 Millionen Jahren entwickelt. Nagetiere, wie etwa Bilche, gab es zwar bereits früher, aber Wühler, Hörnchen und Biber oder Stummelschwanzhörnchen kommen nun neu hinzu. Gekennzeichnet war die Zeit unter anderem durch starke Abkühlung, Absinken der Meeresspiegel, Verlanden von Flachmeeren und starker Auffaltung der Alpen und der Rocky Mountains. Bereits im Miozän, dem nachfolgenden Erdzeitalter, kann man mehrere Stämme von Hörnchen unterscheiden – sie zählen noch heute zu den besonders formen- und artenreichen Tierfamilien. Im frühen Oligozän finden wir aber noch keine Anpassung an das Graben im Boden, vielmehr ähneln die Hörnchen damals im Skelettbau den heutigen Streifenhörnchen. Vermutlich haben sie auch wie diese vorwiegend auf Bäumen gelebt und sind erst allmählich zu ausschließlichen Bodenbewohnern geworden. Mit der Abkühlung wichen dann die Wälder allmählich zurück, und Steppen breiteten sich aus. Nun erscheint in Nordamerika das erste wirkliche Erdhörnchen, und aus dieser ursprünglichen Form entstanden über die Zeit Ziesel, Präriehunde und Murmeltiere. Entwickelt haben sie sich zunächst vor allem in den Großen Ebenen östlich der Rocky Mountains. Während Kaltzeiten sind Murmeltiere dann über eine Landbrücke von Nordamerika nach Asien eingewandert, und von dort drangen sie schließlich bis Europa vor. Alle heutigen Murmeltierarten haben sich im Pleistozän entwickelt. Dieses Erdzeitalter begann vor rund 2,5 Millionen Jahren, es ist gekennzeichnet durch den Wechsel von Warm- und Kaltzeiten; umgangssprachlich spricht man auch vom „Eiszeitalter". Es war geprägt durch kalte Winter, kurze warme Sommer sowie Tundra und Waldsteppen. In den nahezu baumfreien Landschaften entstanden „Mammutsteppen" – man nimmt an, das war eine Mischung aus Tundra und Grassteppe, ähnlich wie wir sie heute noch in den Alpen oder in zentralasiatischen Gebirgen finden.

Murmeltiere haben sich von allen Hörnchen zu den größten bodenbewohnenden Arten entwickelt. Sie leben heute in offenen, durch kühles Klima geprägten Landschaften. Die Körpergröße ermöglicht es ihnen, viel Fettvorrat zu speichern. Die Klimaerwärmung nach der letzten Eiszeit und der sich wieder ausbreitende Wald drängten diese Arten dann in größere Höhen und klimatisch rauere Gebiete zurück, welche vor allem durch kurze Vegetationsperioden gekennzeichnet sind. Mit Ausnahme des Waldmurmeltieres brauchen daher alle Arten zumindest eine zweite, zusätzliche Vegetationsperiode, um erwachsen zu werden. Alpenmurmeltiere sind überhaupt erst im Lauf des dritten Lebensjahres voll ausgewachsen. Da die Jungen wenigstens ein bis zwei Jahre gemeinsam mit anderen Familienmitgliedern überwintern müssen, haben sich aus dieser Notwendigkeit soziale Gemeinschaften entwickelt. Jungtiere können mehrere Jahre in diesen Familienverbänden bleiben, bevor sie abwandern. Man kann also folgern: Die Sozialstruktur in Murmeltierkolonien ist eine Folge der Überwinterungsstrategie.

Sozialsysteme und Lebensräume

Auch wenn die verschiedenen Murmeltierarten viele Gemeinsamkeiten aufweisen, so können Forschungsergebnisse dennoch nicht einfach von einer Art auf die andere übertragen werden. Vergleichen darf man aber dennoch, und dabei kommt man heute um die Forschungsergebnisse von Kenneth B. Armitage kaum herum. Armitage, ehemaliger Professor an der Universität von Kansas, zählt zu den bekanntesten Murmeltierexperten weltweit. Im Mittelpunkt seiner Forschungen stand dabei immer das nordamerikanische Gelbbauchmurmeltier. Sowohl bei den nordamerikanischen Arten *(Petromarmota)* wie auch bei den eurasischen Arten *(Marmota)* haben sich verschiedene Sozialsysteme entwickelt. Wobei Armitage aber selbst einschränkt, dass jede Einteilung schwierig ist, weil innerhalb der verschiedenen Typen immer noch zusätzlich eine Reihe von Variationen auftritt. Besonders charakteristisch für die meisten Arten sind verzögerte Abwanderung und Fortpflanzung. Je nach Einteilung unterscheidet man zwischen drei bis vier unterschiedlichen sozialen Grundmustern: Es gibt den *Solitärtyp*. Dazu zählt nur das amerikanische Waldmurmeltier, dessen Junge schon im ersten Jahr abwandern. Die Tiere überwintern alleine. Hier kann sich ein Männchen mit mehreren Weibchen paaren. Es gibt *Weibchensippen*. Typisch sind diese Verbände für das amerikanische Gelbbauchmurmeltier. Daneben unterscheidet man auch noch zwischen *begrenzten und erweiterten Familienverbänden*. Im einen Fall lebt nur ein erwachsenes Männchen mit ein bis drei Weibchen und den Einjährigen zusammen. Im zweiten Fall gibt es die typische Großfamilie mit dem territorialen erwachsenen Elternpaar sowie mehreren subdominanten erwachsenen Tieren beiderlei Geschlechts und den Einjährigen. Hier wandern die Tiere erst mit drei Jahren oder noch später ab. Ein typischer Vertreter ist unser Alpenmurmeltier, aber auch Bobak, Tarbagan und Kamtschatka-Murmeltier zählen dazu. Gelbbauchmurmeltiere können je nach Lebensraum alleine oder in Gruppen überwintern, sowohl begrenzte, wie auch erweiterte Familienverbände überwintern in der Regel gemeinsam in Gruppen – jedenfalls tun sie das immer, wenn Jungtiere dabei sind. Insgesamt können von den fünfzehn Murmeltierarten nur zwei Arten alleine überwintern: das Waldmurmeltier und das Gelbbauchmurmeltier.

Von Wanderern und Platzansprüchen

Ein Grund, warum die Murmeltiere mancher Arten so lange in der Familie bleiben, liegt im gemeinsamen Überwintern. Damit allein ist aber nicht alles erklärt. Die verzögerte Abwanderung hängt auch mit der Gefahr zusammen, die mit dem Verlassen des Familienrevieres verbunden ist. Abwandern ist mit hohen Kosten verbunden. Beim Alpenmurmeltier gibt es unter wandernden Tieren sowie ehemaligen Revierbesitzern, die ihr Territorium verloren haben, die größten Ausfälle. Beinahe die Hälfte dieser Murmeltiere fällt Raubfeinden zum Opfer. Schaffen sie es nicht, ein Territorium neu zu gründen oder zu erobern, dann ist ihre Überlebenschance gleich null, während die jährliche Sterblichkeit von subdominanten erwachsenen Tieren in den Familienverbänden nur etwa 4 Prozent beträgt. Alpenmurmeltiere sind auch deshalb extreme „Spätstarter". Im Vergleich dazu ist die Sterblichkeit von abwandernden einjährigen Gelbbauchmurmeltieren nur 14 Prozent höher als bei den einjährigen, die daheim bleiben. Den Winter überstehen beide Gruppen, ob allein oder in der Familie, gleich gut. Aber warum kommen die einen gut alleine zurecht, und warum warten die anderen mehrere Jahre?

Zunächst muss man vorausschicken, dass nur ein kräftiges erwachsenes Alpenmurmeltier in der Lage ist, ein Territorium zu erkämpfen, und die Entwicklung bei Alpenmurmeltieren dauert eben länger. Das stark ausgeprägte Sozialverhalten der Art verhindert dann, dass fremde Tiere sich einfach ohne Widerstand in einen neuen Familienverband eingliedern können. Aber ist Kampf immer Voraussetzung, um neuen Lebensraum zu besetzen oder ein eigenes Revier abzustecken? Keinesfalls; auch wenn gutes Murmelhabitat nicht überall gleichmäßig vorhanden ist, vor allem im Hochgebirge gibt es weit ausgedehnte Lebensräume, die keineswegs völlig ausgefüllt sind. Das Bild der dicht besiedelten Kolonie mit durchschnittlich 2,5 Hektar großen Territorien, die fast alle besetzt sind, hat sehr viel mit dem Untersuchungsgebiet von Walter Arnold im Nationalpark Berchtesgaden zu tun. Dort wurden Murmeltierkolonien auf Niederalmen unterhalb der Waldgrenze zwischen etwa 1.100 und 1.500 Meter Seehöhe untersucht. Von Wald umgeben, ist hier der Platz weit mehr beschränkt als in vielen Hochtälern der Alpen. Ein kritischer Punkt, warum sich Alpenmurmeltiere nicht immer leichttun, wenn sie abwandern, um ein eigenständiges Leben zu führen, dürfte dagegen viel mehr das Auffinden eines geeigneten Winterbaues sein. Gibt es verlassene Reviere oder Kolonien, dann können die Neuzuwanderer alte Baue reinigen oder erweitern. Ein einzelnes Murmeltier ist aber kaum in der Lage, allein über einen Sommer einen wirklich gut geeigneten Winterbau zu graben. Ausgedehnte Gebiete mit viel Platz beherbergen in der Regel auch weniger große Familien. Das Lebensraumangebot beeinflusst demnach mit Sicherheit auch die Abwanderung sowie Gruppengröße und Sozialstruktur.

Die Großfamilie ist also keineswegs die einzige grundlegende Gemeinschaftsform der Alpenmurmeltiere. Viele Familien bestehen auch nur aus einem Elternpaar mit oder ohne Jungtieren. Familienverbände können sich auch auflösen oder teilen, zum Beispiel durch den Tod eines der erwachsenen Tiere. Grundsätzlich liegen die Kernreviere in den optimalen Bereichen mit gleichmäßig guten Bedingungen. Im Randbereich schwanken Witterung und Lebensbedingungen deutlich mehr – das sind oft jene Gebiete, die nach oben oder unten anschließen. Gibt es dort nur wenige günstige Familienreviere, dann wandern hier auch mehr Tiere ab. Das heißt, die Verhältnisse sind am Rand eher instabil. Jeder, der sich ein wenig mit der Wildart auseinandersetzt, kann dabei Kare, Matten und Hänge, Hochlagen und Seitentäler gedanklich durchgehen. In allen Gebirgszügen gibt es Familienreviere mit deutlich unterschiedlicher Qualität. Bevorzugt werden Weiden und Matten auf Ost- oder Südhängen, wo der Schnee früher schmilzt, wo keine Staunässe auftritt und wo im tiefgrundigen Boden gute Winterquartiere angelegt werden können. Dazu führt Bibikow an, dass in stabilen Gebieten viel mehr verschiedene Pflanzenarten wachsen als in instabilen. Diese Qualitätsunterschiede der Reviere sind auch dafür verantwortlich, dass die Tiere unterschiedliches Sozialverhalten zeigen. Eine Kolonie besteht immer aus mehreren Familienrevieren. Bibikow unterscheidet dabei Kernsiedlungen von Randzonen und kleinen isolierten Kolonien. Innerhalb der Kolonien gibt es stabile Reviere mit wenigen Veränderungen, die über lange Zeit erhalten bleiben, und instabile Reviere mit nur wenigen Tieren, die oft nur kurz bestehen. Komplexe stabile Familienterritorien kommen nur in kompakten großen Siedlungen vor. Das sind meist offene Gebiete mit abwechslungsreicher Landschaftsform und artenreicher Vegetation. Die Zahl der Tiere in einer Familie kann dabei zwar von Jahr zu Jahr schwanken, aber die Grenzen der guten Reviere verschieben sich meist nur wenig. Diese Reviere bieten selbst noch in ungünstigen Jahren ausreichend Ressourcen, sodass von dort kaum Tiere aufgrund von Nahrungsknappheit abwandern müssen. Wenn Murmeltiere abwandern, dann ist dafür fast immer der Sexualtrieb oder aggressives Verhalten verantwortlich. Lebensraum und Sozialsystem sind also eng aufeinander abgestimmt. Das Leben in Gemeinschaft ist aber auch noch mit einem ganz anderen wichtigen Faktor verbunden.

Parasiten und Krankheiten

Zu den Kosten des Gruppenlebens zählt auch die häufigere Übertragung von Parasiten oder Krankheitserregern. Bekannt ist, dass Murmeltiere in einigen Gebieten Zentralasiens zu den Überträgern der Pest zählen. In Beständen der Altai-Murmeltiere sowie der Sibirischen Murmeltiere tritt der Pesterreger lokal immer wieder auf. Häufig kommt es besonders nach Trockenperioden oder Zeiten mit schlechtem Nahrungsangebot zu Pestausbrüchen in den Beständen. Dabei sind Gebiete mit instabilen Lebensbedingungen stärker gefährdet. Murmeltierpest bricht vor allem nach Dürre oder in Trockensteppen nach kalten Jahren mit viel Niederschlag, spätem Vegetationsbeginn und daher Nahrungsknappheit aus. Bibikow führt den Ausbruch der Krankheit aber nicht in erster Linie direkt auf schlechte Ernährungsbedingungen und daraus folgend geringer Widerstandskraft der Tiere zurück, sondern vielmehr darauf, dass die Tiere in dieser Zeit häufiger abwandern und daher öfter in Kontakt mit fremden Murmeltieren kommen. Die Möglichkeiten der Krankheitsübertragung nehmen also zu. Vor allem aus den weniger optimalen Randzonen wandern dann Tiere immer wieder in die stabilen Zonen mit besseren Lebensbedingungen.

Der Pesterreger ist ein Bakterium. Heute weiß man, dass die Pest mehr als zweihundert Säugetierarten befallen kann. Ursprünglich war es eine Infektionskrankheit, die vor allem von Nagetieren auf den Menschen übertragen wurde. Innerhalb von Nagetierbeständen tritt die Krankheit meist lokal begrenzt auf. Ausgelöst wird sie durch die absterbenden Bakterien, welche eine Blutvergiftung bewirken. Der Pesterreger ist nicht nur ein Sterblichkeitsfaktor für Murmeltiere, ehemals war dies auch eine gefürchtete Krankheit des Menschen. In Europa und Australien sind derzeit keine Tierbestände bekannt, die mit dem Erreger infiziert sind, im Kaukasus, in Russland, der Mongolei oder China tritt die Krankheit aber auch heute noch auf. In Russland hat man daher immer wieder versucht, Murmeltierkolonien auszumerzen, um Epidemien einzudämmen. Nach den Bekämpfungsmaßnahmen sind meist übriggebliebene Tiere wieder eingewandert. Nachdem es nun keine Nachbarn und auch keine Konkurrenz mehr gab, wurden dann zuerst die zentralen, optimalen Siedlungsräume besetzt und die verlassenen Baue freigelegt. Dabei haben die verbleibenden Murmeltiere große Reviere gegründet und auch große stabile Familiengruppen gebildet. Bei Alpenmurmeltieren tritt der Erreger der Beulenpest nicht auf.

Der Überträger der Pest ist in der Regel ein Floh, und Flöhe können auch direkt ohne Krankheitserreger zu einer Belastung werden. So weiß man von Gelbbauchmurmeltieren, dass Weibchen, die keinen Nachwuchs zur Welt brachten, stärker von Flöhen befallen waren als Mütter mit Jungen. Einjährige mit vielen Flöhen wachsen langsamer. Auch die Wintersterblichkeit bei Jungen der Alpenmurmeltiere war höher, wenn diese stärker von Außenparasiten befallen waren. Die Familiengröße stand dabei nicht in Zusammenhang mit der Parasitenbelastung. Außen- oder Ektoparasiten, wie Flöhe, Milben oder Zecken, gehen jedenfalls auf Kosten der Fitness. Auffallend ist dabei beim Alpenmurmeltier, dass es nur wenige dieser Ektoparasiten für die Tierart gibt. Eigentliche Räudemilben oder Zecken wurden früher kaum beschrieben. Für das Fehlen von Zeckeninfektionen gab es eine einfache Erklärung: Diese Parasiten konnten früher über 1.000 Meter Seehöhe nur schwer überleben. Heute weiß man, dass aufgrund der Klimaerwärmung Zecken auch bereits in viel größeren Höhenlagen vorkommen. Bekannt ist mittlerweile ebenfalls, dass das Alpenmurmeltier als Zwischenwirt für den Kleinen Fuchsbandwurm in Frage kommt. Da sich der Mensch aber nur über die Eier aus dem Kot des Endwirtes infizieren kann, stellen Murmeltiere für ihn keine Gefahrenquelle dar. Bibikow gibt für Murmeltiere als mögliche Krankheiten unter anderem auch noch Listeriose, Pasteurellose und Pseudotuberkulose an. Das sind alles bakterielle Infektionskrankheiten, für die es beim Alpenmurmeltier aber kaum oder keine Nachweise gibt. Hier ist mit Sicherheit noch ein breites Forschungsfeld offen, genauer untersucht wurden hingegen Endoparasiten.

Fast jeder Murmeltierjäger weiß, dass die Tiere oft stark mit Bandwürmern befallen sind. Für Alpenmurmeltiere wurden verschiedene Arten nachgewiesen. Daneben gibt es auch noch eine Reihe von Fadenwürmern, die auf bestimmte Darmabschnitte spezialisiert sind. Zu erwähnen sind in diesem Zusammenhang konkret ein Bandwurm, der speziell beim Murmeltier vorkommt *(Ctenotaenia marmotae)*, und ein Spulwurm *(Citellina alpina)*. Ohne hier weiter in die Tiefe zu gehen, von Interesse ist dabei, dass die Winterschläfer auch mit intensivem Bandwurmbefall offensichtlich gut zurechtkommen und auch ausreichend Fettreserven anlegen. Der hohe Parasitenbefall führt nicht zur Schwächung oder Krankheit – zwischen Wirt und Parasit besteht demnach ein natürlicher Gleichgewichtszustand. Vor dem Winterschlaf wird der Darm entleert, die Parasiten werden ausgeschieden, und danach bildet sich der Magen-Darmtrakt auch zurück. Beim Alpenmurmeltier hat man nachgewiesen, dass die Tiere den Winter frei von Darmwürmern verbringen.

Körpergröße und Witterung

Murmeltiere sind die größten wirklichen Winterschläfer. Die Körpergröße ermöglicht es den Tieren, mehr Fett anzulegen. Vereinfacht ausgedrückt gilt das Prinzip: Je größer ein Tier ist, desto mehr kann es Fett speichern, im Verhältnis zur Körpergröße verbraucht es aber weniger Energie. Zwischen den verschiedenen Murmeltierarten gibt es auffällige Größenunterschiede. Die größte Art ist das Steppenmurmeltier – der Bobak. Zu den eher kleinen Arten zählt das Menzbier's Murmeltier, das in Usbekistan und Kasachstan vorkommt. Ein erwachsener männlicher Bobak erreicht 8 bis 9 Kilogramm, in Ausnahmefällen sogar bis zu 10. Zu den besonders großen Arten mit enormen Fettspeichern zählen auch das Eisgraue und das Langschwänzige Murmeltier. Beide erreichen 7 bis 8 Kilogramm, manchmal sogar mehr, sie werden damit annähernd doppelt so schwer wie Alpenmurmeltiere. Die kleinste, vorhin erwähnte Art erreicht dagegen nur 1,5 bis 2,5 Kilogramm. Größere Tiere haben auch eine größere Magen-Darmkapazität. Sie können also mehr Nahrung aufnehmen. Diese Nahrung kann zudem länger im größeren Magen-Darmtrakt bleiben, womit sie besser aufgeschlossen wird, und das hat nun wiederum den Vorteil, dass von größeren Tieren auch weniger hochqualitative Nahrung verwertet werden kann – eben weil sie besser verdaut wird.

Körpergröße bringt also Vorteile für einen Winterschläfer, der viel Fett speichern soll. Gleichzeitig kommt die Tierart aber auch in die Zwickmühle, denn der Sommer ist kurz im Murmeltierlebensraum. Im Durchschnitt dauert die aktive Phase aller Arten zusammengenommen nur rund fünf Monate. Die einzige Ausnahme bildet dabei das nordamerikanische Waldmurmeltier. Ihm stehen über sieben aktive Monate zur Verfügung. Das ist ein Grund, warum sich die Jungtiere dieser Murmeltierart bereits im ersten Jahr so weit entwickeln, dass sie schon abwandern und alleine überwintern. Waldmurmeltiere können es sich leisten, Einzelgänger zu sein, weil sie in einer weniger rauen Umgebung daheim sind. Für alle anderen Arten lautet die zentrale Frage: „Wie bringe ich mein Leben in weniger als einem halben Jahr unter?" Vor allem den Weibchen und den Jungtieren bleibt wenig Zeit, um bis zum Herbst ausreichend Fettspeicher anzulegen. Für den Nachwuchs der größeren Murmeltierarten reicht während des ersten Sommers die Zeit auch nicht aus, um erwachsen zu werden. Sie müssen daher als Jungtiere in den Winterschlaf gehen. Das ist ein hohes Risiko und gelingt nicht ohne die Mithilfe der Familie. Weil der Sommer für Murmeltiere nur kurz ist, müssen sie mit der Fortpflanzung so früh wie möglich beginnen. Kommt das Weibchen aber zu früh aus dem Winterbau, dann riskiert es in einer rauen Umgebung, dass es zu viel Energie verbraucht. Vor allem der „Stress" rund um die Fortpflanzung geht auf die Reserven. Armitage gibt an, dass daher zumindest sechs Murmeltierarten sich schon paaren, noch bevor sie wieder an der Oberfläche erscheinen. Beim Alaskamurmeltier kann es sogar vorkommen, dass auch die Jungen bereits geboren werden, noch bevor die Aktivität vor den Bauen wieder beginnt.

Vom Langschwanzmurmeltier und auch vom Grauen Murmeltier weiß man, dass in ungünstigen Jahren beinahe 50 Prozent der Embryonen von den Weibchen absorbiert werden können. Ein ungünstiges Jahr ist zum Beispiel gekennzeichnet durch einen kalten Frühling mit stark verzögerter Vegetationsentwicklung und lang anhaltender Schneedecke, sodass für die Mütter nach dem langen Winter nicht ausreichend hochwertige Nahrung zur Verfügung steht. Nachdem Murmeltiermüttern insgesamt weniger Zeit bleibt, um Fettreserven aufzubauen, kommt es auch immer wieder vor, dass ein Weibchen, welches in diesem Jahr Junge zur Welt gebracht hat, im folgenden Jahr ganz aussetzt oder nur mehr ein bis zwei Junge bekommt. Typisch ist das für unser Alpenmurmeltier, aber auch für das Steppenmurmeltier, das Sibirische Murmeltier oder die Murmeltiere der Olympic-Halbinsel im Nordwesten der USA. Und damit sind wir nun beim Einfluss des Klimas und auch beim Klimawandel.

Immer wieder fragen sich Jäger und Naturbeobachter, warum Murmeltiere oft über längere Zeit aus einem bestimmten Gebiet verschwinden. Einen wichtigen Einflussfaktor stellen sehr späte Schneefälle und lang andauernde Schneedecken dar. Sie können – wie für andere Bergbewohner – auch für Murmeltiere zu einem Problem werden, weil es dann im Frühjahr zu wenig Nahrung gibt. Zu wenig Schnee ist ebenfalls ungünstig, weil dabei die Gefahr besteht, dass der Boden tief durchfriert, da die isolierende Schneedecke fehlt. Lang anhaltende Schneebedeckung führte in Vorkommen von Gelbbauchmurmeltieren dazu, dass die Weibchen weniger Junge großziehen und dass sich die Anzahl der Jungen je Wurf verringert. Man weiß auch, dass in Hochlagen, wo der Schnee rund einen Monat länger liegenbleibt als in tieferliegenden Vergleichsgebieten, die Murmeltiermütter konsequent jedes zweite Jahr mit der Fortpflanzung aussetzen. Armitage berichtet in Zusammenhang damit auch von den Folgen eines langanhaltenden Winters im Jahr 1995: Sowohl Fortpflanzungserfolg als auch Überlebensrate waren in dem Jahr deutlich geringer, eine Reihe von Vorkommen der Gelbbauchmurmeltiere sind erloschen und später nur langsam wieder besiedelt worden. In Hochlagen mit ohnehin kurzen Vegetationszeiten kann ein lang anhaltender Winter auch dazu führen, dass die Jungtiere aus dem Vorjahr, die ja ohnehin mit weniger Fettreserven den Winter überstehen müssen, vollständig ausfallen, weil sie nicht rechtzeitig im Frühjahr ausreichend gute Nahrung finden. Ein langer strenger Nachwinter kann also zum Verlust eines gesamten Geburtsjahrganges führen – besonders, wenn die Tiere in einem suboptimalen Randbereich leben.

Ein zweiter wichtiger Faktor, der Murmeltieren in ihrem gesamten Verbreitungsgebiet immer wieder zu schaffen macht, ist die Trockenheit. Sie hängt eng mit der Nahrungsqualität zusammen. Auch neuere Untersuchungen an Steinwild im Nationalpark Gran Paradiso untermauern dies. Jedenfalls beeinflussen trockene Sommer Fortkommen und Vermehrung, lokal können Familien in niederschlagsarmen Sommern sogar abwandern. Dazu kommt, dass die gesamte Physiologie von Murmeltieren an kühle Umgebungstemperaturen angepasst ist.

Murmeltiere haben nur wenig Möglichkeiten, um Hitze abzugeben, sie hecheln nicht, und sie haben auch kaum Schweißdrüsen. Bei Murmeltieren, die lebend gefangen werden, kann immer wieder Speichelfluss festgestellt werden. Auch das ist ein Zeichen für Hitzestress, allerdings ist das keine effektive Methode. Das dichte Fell, ebenso wie die Fettschicht, verhindert ebenfalls die Hitzeabgabe. Die Körpertemperatur der Tiere steigt mit zunehmender Aktivität – und zwar in Zusammenhang mit der Umgebungstemperatur. Das heißt, je höher die Außentemperatur, desto stärker steigt auch die Körpertemperatur. Die Aktivität der Murmeltiere hängt also eng mit dem Kleinklima zusammen. Bis zu einer Außentemperatur von 25 Grad sind die Tiere mehr im Freien, steigt die Temperatur darüber, halten sie sich mehr in ihren Bauen auf. Murmeltiere sind zwar strikt tagaktiv, an heißen Sommertagen verlagert sich aber die Aktivität in die Morgen- und späten Nachmittagsstunden – womit weniger Zeit für die Nahrungsaufnahme bleibt. Hohe Sommertemperaturen sind also mit Stress verbunden! Auch hier spielt wieder die Körpergröße eine Rolle. Einerseits bringt sie Vorteile, wenn es um die Fettanlagerung geht, andererseits ist ein größerer Körper eben mehr anfällig gegenüber Hitzestress.

Früher Vegetationsbeginn würde Murmeltiere im Allgemeinen begünstigen, weil sie dadurch eher an ein besseres Nahrungsangebot gelangen. Generell verschiebt sich in vielen Gebieten mit der Klimaerwärmung der Frühlingsbeginn nach vorne. Beobachtungen aus Nordamerika belegen, dass es dadurch auch tatsächlich zu Bestandeszuwächsen kommen kann. Andererseits können langandauernde Schneedecken aufgrund schwerer später Schneefälle auch zu dramatischen Ausfällen führen. Gut möglich also, dass Bestandesschwankungen häufiger und größer werden. Entsprechend den Prognosen soll die Klimaerwärmung mit einer Geschwindigkeit voranschreiten, die es vielen Arten unmöglich macht, sich an die veränderten Bedingungen anzupassen. Ein wesentlicher Faktor für Alpenmurmeltiere wird dabei sein, dass viele Mittelgebirgslagen wiederbewaldet werden, und dass die Waldgrenze insgesamt nach oben rückt – womit Lebensräume verschwinden oder kleiner werden. Auf jeden Fall werden die Auswirkungen eines Temperaturanstieges im Bergökosystem stärker zum Tragen kommen.

Alarm!

Auch wenn der Alarmruf wie ein Pfiff klingt – es ist und bleibt ein Schrei.

Zuerst kommt die eigene Sicherheit.

Vor der Röhre kann man gut warnen. Im Fall des Falles ist man in Sekunden im Bau. Nicht jedes Murmel meldet jedoch sofort Gefahr, wenn es sie erkennt.

Alarmsystem.

Auch Murmeltiere am Gegenhang werden durch die „Pfiffe“ gewarnt.

Hochliegendes Auge.

Beim Murmel liegen die (scharfen) Augen sehr hoch im Kopf. Das ermöglicht dem Tier, die Umgebung zu erkunden, ohne ganz aus der Röhre zu kommen.

Wer stört?

Im offenen Gelände weit über der Waldgrenze sichern Murmeltiere insgesamt weniger als in Waldnähe.

Schwanzschlagen.

Hier wird der Schwanz wie eine Standarte in die Höhe gehalten. Das Schwanzschlagen signalisiert Unruhe und Aufgeregtheit.

Almfüchse.

Bergfüchse jagen oft auch am Tag. Besonders, wenn die jungen Murmel vor den Bau kommen, sind Füchse immer wieder in Murmelkolonien auf Beutezug.

Junger Steinadler.

Für den Adler sind Murmel ein sehr wichtiges Beutetier. In Graubünden etwa machen die Murmel für Adler, die Reviere besetzen, zwei Drittel der Beute aus.

Wanderer.

Abwandern ist gefährlich. Auch wenn man es kaum glauben mag, aber selbst auf Passstraßen gibt es Verkehrsopfer. Wandernde Murmeltiere sind jedenfalls vielen Gefahren ausgesetzt – nur wenige überleben.

Sicher im Bau.

Wenn Murmeltiere aufgrund von Störungen immer wieder die Äsungsaufnahme unterbrechen und im Bau bleiben müssen, dann geht dies auch auf Kosten der Fettreserven.

Vollgas!

Steil bergab sind Murmeltiere extrem schnell. Der lange Schwanz dient zum Ausbalancieren.

Juckt's?

Murmel haben erstaunlich wenig Außenparasiten. In manchen Gebieten Asiens zählen sie jedoch zu den Überträgern der Pest. Ein Floh überträgt die Krankheit.

Kotplatz.

Murmel geben ihren Kot meist im Bau in „Latrinen" ab. Manchmal findet man aber auch Kotplätze im Freien. Viele Tiere sind mit Bandwürmern befallen.

Fellpflege.

Leben in Gemeinschaft fördert natürlich die Übertragung von Parasiten. Man kann sich aber auch gegenseitig den ein oder anderen Floh aus dem Pelz holen.

Geschlechtsbestimmung.

Im Freiland ist das Geschlecht lebender Murmel nicht zu unterscheiden. – Für die Geschlechtsbestimmung wird der Abstand zwischen Anal- und Genitalöffnung herangezogen: bei Weibchen 2 Zentimeter, bei Männchen 5.

Ende Mai in den Hohen Tauern.

Sehr späte Schneefälle können zu erheblichen Ausfällen und auch zu Jahren ohne Nachwuchs führen.

Abgemagert aus dem Winterschlaf.

Für dieses Murmeltier wird es eng, denn die Feistreserven sind nun wirklich aufgebraucht, und neue Äsung ist noch weit und breit nicht in Sicht.

Murmeljagd.

Finden Sie das Murmel auf dem Stein? – Ein Schuss aufs Köpfl sollte aber unterbleiben. Lieber zuwarten, bis das Murmeltier ein besseres Ziel bietet.

Murmeljagern einst.

Hier ging es ums Öl und damit auch um Zuverdienst zum Lohn. Die Gewehre: ein Steyr-Stutzen, ein Drilling und ein Kleinkaliber.

Familienstruktur.

Wer immer aufs größte Murmel jagt, gefährdet die ganze Familie, weil dann die wichtigste Wärmeflasche ausfällt. Besonders kleine Familien trifft's hart!

Nach der Jagd …

… werden Murmeltiere aufgebrochen und außen auf dem Rucksack hängend nach Hause getragen.

Färbung 1.

Ein lichtes, aber dennoch typisch gefärbtes Alpenmurmeltier.

Färbung 2.

Extrem dunkles Alpenmurmeltier, das beinahe schon an ein Vancouver-Island-Murmeltier erinnert.

Färbung 3.

Weiße Nase, dunkelgrauer Kopf. Die Farbvarianten der Alpenmurmeltiere sind vielfältig. Hier drängt sich der Vergleich mit einem Eisgrauen Murmeltier auf.

Färbung 4.

Noch ein Murmel von der dunklen Sorte. Jäger berichten immer wieder von besonderen Farbschlägen in ganz bestimmten Revieren oder Revierteilen.

Färbung 5.

Beinahe rotes Alpenmurmeltier: Ein Vergleich mit dem Roten Murmeltier – auch Langschwanzmurmeltier genannt – liegt auf der Hand.

Zwei typische Älpler.

Schon leicht ergraut, ein wenig misstrauisch, aber dennoch neugierig – und immer ein wenig von oben herab und auf gute Aussicht bedacht …

Neuntes Kapitel:

Jagd

Es gibt kaum historische Aufzeichnungen zur Jagd auf Alpenmurmeltiere – obwohl etwa der Habsburgerkaiser Maximilian am Beginn des 16. Jahrhunderts eigene Murmeltierjäger beschäftigte. Auch in der Jagdkunst spielt das Murmeltier so gut wie keine Rolle.

Es gibt auch keine Erwähnung in Verordnungen, Gesetzen oder Hofkammerakten der Habsburger. Nur in einem Brief aus Rottenmann in der Steiermark berichtet Maximilian von „wilden Wurmen genannt die schwarzen Bären". Jagdhistoriker bringen dies in Zusammenhang mit dem Murmeltier. Zur Jägerei dieses Kaisers zählte jedenfalls auch ein Murmeltiermeister, dennoch kann aus allen Überlieferungen abgeleitet werden, dass Murmeltiere für den höfischen Jäger nicht von Bedeutung waren. Von Belang dürfte dagegen viel mehr die Heilwirkung gewesen sein, welche schon damals dem Fett zugeschrieben wurde. Für die einfache Bevölkerung der Berge war dieses Wildtier aber nicht nur interessant wegen der ihm zugeschriebenen Heilkräfte, seit jeher war es auch ein sehr begehrter „Fleischlieferant". Murmeltiere waren leicht zu erlegen und auch leicht abzutransportieren. Dies dürfte einer der Hauptgründe dafür gewesen sein, warum das Alpenmurmeltier in den Ostalpen ausgerottet wurde. Erst westlich der Flüsse Sill und Eisack konnten sich die Bestände trotz Bejagung halten. In den Westalpen ist das Verbreitungsgebiet nicht nur insgesamt größer, die einzelnen Vorkommen hängen auch enger zusammen, sodass Lücken oder ausgedünnte Bestände durch Zuwanderung leichter wieder aufgefüllt werden konnten. Etwas mehr erfahren wir daher über die Jagd und Nutzung von Murmeltieren in historischer Zeit aus der Schweiz.

In Graubünden gibt es heute noch eine der früher sehr seltenen Murmeltierdarstellungen. Sie stammt aus dem Hochmittelalter. Es ist ein aus Stein gehauenes Murmeltier an der Basis einer Säule der Kathedrale in Chur. Das Muramentl scheint dabei aus dem Erdboden zu kommen. Da es aus einer einheimischen Werkstatt stammt, kann man davon ausgehen, dass der Steinmetz das Tier gekannt hat und dass es um 1200 zur typischen einheimischen Tierwelt gezählt hat. Murmeltiere wurden in Graubünden seit jeher genutzt. Der Begriff „Jagd" trifft hier nicht wirklich den Nagel auf den Kopf, denn das Erbeuten von Murmeltieren war eher eine Form der Bodennutzung. Bleiben wir zunächst bei der Methode und schauen uns dann den rechtlichen Hintergrund genauer an. Murmeltiere waren beinahe lebenden Fleischkonserven gleichzusetzen. Im Sommer wurden die Baue mit hohen Stangen markiert, sodass man sie im Winter wieder finden konnte. Mit Schneeschuhen, Pickel und Spaten machten sich die Bergbewohner dann auf, um die Tiere aus ihren Winterbauen auszugraben. Dann und wann soll dabei auch einer der ihrigen unter dem nachrutschenden Aushub in einem Murmelbau begraben worden sein. Bei besonders tief liegenden Bauen oder steinigem Untergrund war das Unternehmen desgleichen erfolglos. Aus den Ostalpen wird auch vom Murmelgraben im Spätherbst berichtet. Nicht jeder hat also auf ein paar Meter Schnee gewartet. In der Regel waren solche aufwendigen Grabungsaktionen Gemeinschaftsunternehmungen. Ulrich Campel, ein Schweizer Geschichtsschreiber aus dem 16. Jahrhundert, berichtet, dass im Engadin damals Murmeltiere sehr zahlreich im Winter ausgegraben, geschlachtet und verzehrt wurden. Murmeltierfleisch wurde auch gesalzen, geräuchert oder getrocknet. Manchmal wurde auch ein Tier am Leben gelassen, um es zu zähmen und im Haus zu halten.

Abgesehen davon wurden Murmeltiere geschossen, in Tritteisen oder Schlingen gefangen und mit schweren Steinplatten, die als Totschlagfallen aufgestellt wurden, erschlagen. Die Jagd, beziehungsweise das Recht zur Nutzung der Tiere, war in Graubünden in manchen Gemeinden schon früh mit Grund und Boden verbunden. Im Gesetzbuch der Gemeinde Davos im Engadin wurde bereits um 1600 festgehalten: „Murmeltiere gehören dem Grundeigentümer jener Bodenflächen, auf denen – oder unter denen – sie leben. Wer dieses Besitzrecht verletzt, der soll als Dieb behandelt und mit einer Geldstrafe belegt werden." Diese Rechte stehen in engem Zusammenhang mit dem Alpwesen. Dabei taucht im Mittelalter der Begriff der Allmende auf. Das ist gemeinschaftliches Eigentum, wo das Nutzungsrecht auf alle Mitglieder einer Gemeinde verteilt war. Die Nutzung vieler Alpweiden ist auch heute noch nach diesem Prinzip organisiert. Aus verschiedenen Berichten geht hervor, dass dabei Murmeltiere in historischer Zeit zu den Weiden gehört haben. Sie konnten auch mit diesen zusammen erworben oder verkauft werden. Genaugenommen geht es dabei also nicht um Wildbann oder Jagdrecht, sondern um Bodennutzungs- und Eigentumsrechte. Aus diesem Grund ist in historischen Berichten aus der Schweiz auch nie die Rede von der „Jagd" auf Murmeltiere. Dazu kommt gerade aus Graubünden noch eine weitere sehr interessante Facette: Aus alten Aufzeichnungen geht dort hervor, dass Murmeltiere schon im 16. Jahrhundert ausgesetzt worden sind – und zwar ganz offensichtlich, um sie später zu nutzen. Man sprach davon, dass „Murmeltierly" in die Alp „gelegt" wurden. Dies erklärt zumindest teilweise den Besitz- und Nutzungsanspruch, und es war wohl mit ein Grund, warum das Murmeltier in den Westalpen leichter überlebt hat. Man könnte hier sogar von so etwas wie „Hege" sprechen. Fangen, Ausgraben und Schlachten, nachdem zuvor die Tiere ausgesetzt wurden, erinnert letztendlich mehr an Viehwirtschaft denn an Jagd. Und wenn dabei der eine oder andere auf Parallelen zu manchen heutigen „Jagdformen" stößt, dann ist das vielleicht kein Zufall …

Jagd heute

Heute darf jeder Graubündner Jäger während der gesamten Hochjagd ohne Einschränkungen in Hinsicht auf Alter und Geschlecht acht Murmeltiere erlegen. Besonders in der Schweiz, in Teilen Vorarlbergs und Tirols geht es dabei immer noch ums Wildbret. In den Ostalpen dient die Murmeltierjagd heute aber nicht mehr vorrangig der Beschaffung von Nahrung oder von Heilmitteln, viele Jäger jagen die Tiere auch der Trophäe wegen. Der Verkauf von Murmel-Abschüssen ist wirtschaftlich kaum von Bedeutung, bringt aber da und dort eine Zusatzeinnahme. Nach dem Nachweis von Corticoiden im Murmeltierfett steht dessen mögliche Heilwirkung in einem neuen Licht. Murmeltieröl erlebt deshalb als Naturheilmittel derzeit lokal wieder ein wenig Aufschwung. Murmeltierjäger verwenden deren Öl seit jeher. In der Schweiz werden jährlich zwischen 7.000 und 8.000 Murmeltiere erlegt, in Österreich zwischen 6.000 und 7.000. In Bayern, Slowenien und nun auch in Südtirol darf das Murmeltier nicht mehr bejagt werden. Hohes jagdliches Interesse war jedenfalls ein entscheidender Grund für die Wiederansiedlung und Erhaltung der Art. Der weit überwiegende Teil aller heutigen Murmeltiervorkommen im größten Teil der Ostalpen geht auf Aussetzungen durch Jäger zurück.

Die Forschung zum Alpenmurmeltier lässt heute jedoch manche jagdlichen Gewohnheiten in einem neuen Licht erscheinen. Besonders die Jagd auf das größte Tier einer Familie kann sich auf das Überleben der restlichen Familienmitglieder verhängnisvoll auswirken. Wird gezielt der dominante Bär – das Männchen – oder die Katze – das Weibchen – erlegt, fehlt im Winter die entscheidende Wärmequelle. Unter Umständen erfriert die ganze Gruppe. Der stärkste Bär wird zwar als Trophäe geschätzt, von Natur aus ist aber gerade er besonders wichtig für den Wärmehaushalt beim Winterschlaf. Dazu kommt noch eine Facette mit möglicherweise gravierenden Auswirkungen.

Auf den „Kindermord“ bei Murmeltieren wurde bereits in Zusammenhang mit der Fortpflanzung hingewiesen. Infantizid kann aber auch zusammen mit der Jagd eine Rolle spielen. Nämlich dann, wenn man immer wieder versucht, den größten und stärksten Bären zu erlegen. Wenn das dominante Männchen erlegt wird, fällt nicht nur die größte „Wärmeflasche“ aus, die Familie wird auch von einem anderen Männchen übernommen. Kommt ein fremdes Männchen, dann geschieht es immer wieder, dass es die diesjährigen Jungen tötet – je früher im Jahr der Wechsel erfolgt, desto eher. Später im Jahr ist die Auswirkung sicher geringer. Ebenso wird es auch in einer Großfamilie weniger drastische Auswirkungen geben, da hier subdominante Männchen die Führungsrolle übernehmen können. Aus Untersuchungen über Braunbären weiß man jedenfalls, dass die bevorzugte Bejagung großer alter Männchen Infantizid fördert, weil nachrückende Männchen versuchen, den Nachwuchs zu töten, um sich selbst möglichst rasch wieder mit Bärinnen fortpflanzen zu können.

Wer Murmel jagt, der sollte sich auf die Kerngebiete mit ausgedehnten Kolonien und großen Familien beschränken. Wird in einem Randgebiet aus einer Familie mit zwei Elterntieren und einigen Jungen eines der Elterntiere erlegt, ist die Gefahr sehr groß, dass die ganze Familie im Winter erfriert und die Murmel aus dem Gebiet verschwinden. Zumindest die Jungen werden den Winter nicht überleben. Daher sollte man sich beim Murmeljagern ein wenig Zeit nehmen und beobachten. Nur wenn mehrere Tiere gleichzeitig vor dem Bau sind, kann man vergleichen und besser einschätzen, welches Murmel erlegt werden soll. Aus größeren Familiengruppen mit etwa fünf erwachsenen Tieren sollte jährlich nicht mehr als ein Tier entnommen werden. Dabei sollten mittlere Murmel, das heißt zwei- bis dreijährige Tiere bevorzugt erlegt werden. Notwendig ist die Jagd nicht, auch nicht, um etwaigen Bandwurmbefall einzudämmen. Reguliert müssen die Bestände auch nicht werden, es sei denn, dass die Grabtätigkeiten in landwirtschaftlich genutzten Gebieten zum tatsächlichen Verlust von Weidefläche und zur erschwerten Bewirtschaftung führen. Auch Hütten, andere Gebäude oder Masten können von Murmeltieren untergraben und destabilisiert werden. In diesem Zusammenhang wird heute immer öfter auf die Möglichkeit der Umsiedlung von Murmeltieren verwiesen. Wie aussichtsreich und zweckvoll dies ist, bleibt offen. Im Kanton Graubünden werden „schadenstiftende" Murmeltiere von der Wildhut des Kantons erlegt.

Wie gesagt, Murmeltierwildbret ist auch heute noch in vielen Gegenden eine beliebte Abwechslung auf dem Speiseplan. Vor der Zubereitung ist das Fett jedenfalls sauber zu entfernen. Zu den Trophäen zählen die kräftigen gelbbraunen Nager sowie die Schwarte oder das präparierte Tier. Murmeltierfelle werden schon seit langem von innerasiatischen Steppenvölkern verarbeitet. Weder in den Alpen noch in Nordamerika hatte das Fell jedoch große Bedeutung. Alpenmurmeltiere waren seit jeher für den Fellmarkt unbedeutend. Lokal wurden daraus Mützen oder Jagdtaschen gemacht. Auf dem asiatischen Fellmarkt dagegen spielen Murmeltiere auch heute noch eine gewisse Rolle. Interessant ist dabei, dass Murmelfelle gerne eingefärbt werden, das belegen schon Funde aus Skythengräbern vor etwa 1.500 Jahren. Seit Jahrhunderten werden Alpenmurmeltiere auch deshalb bejagt, um an Heilmittel zu gelangen. Mit Murmeltieröl wurden vor allem Muskel- und Gelenkskrankheiten behandelt.

Jagdtechnik und Versorgung

Ob Birsch oder Ansitz ist in der Regel eigentlich nicht die Frage, denn „Birsch“ heißt meistens, dass man Murmeltiere ausmacht und dann versucht, auf Schussentfernung an sie heranzukommen. Gelingt das nicht, und die Tiere verschwinden im Bau oder in Fluchtröhren, folgt dann meist der Ansitz, bis sie wieder aus ihren Röhren kommen. Eher selten geht man direkt zu einem bekannten Bau, setzt sich dort in etwa 50 - 80 Meter Entfernung an und wartet, bis die Murmel erscheinen. Selbst wenn man Kolonien oder einzelne Familien kennt, wird man fast immer zuerst aus größerer Entfernung versuchen, die Murmeltiere auszukundschaften und dann heranzukommen. In vielen Revieren wird ein Murmel auch einfach nach der Gamsjagd „mitgenommen“, wenn es sich ergibt. Murmeltiere können Menschen auf 300 bis 400 Meter Entfernung ausmachen. Wurden die Tiere überrascht und sind Hals über Kopf in die Röhren gefahren, dann dauert es meist sehr lang, bis sie wieder erscheinen. Wenn sie sich dagegen ruhig und eher langsam zurückgezogen haben, taucht bald wieder eines nach dem anderen auf.

Bei der Murmeltierjagd steht immer wieder die Frage nach dem richtigen Kaliber im Raum. Dabei werden leider nach wie vor auch kleine Kaliber empfohlen, wie etwa die .22 Hornet, die .22 Winchester Magnum oder .17 Remington. Auch wenn dabei Teilmantelgeschosse verwendet werden, so zeigt die Praxis, dass diese Kaliber am Berg nicht nur empfindlich gegen Seitenwind sind, auch die Geschosswirkung ist oft zu gering, weil es selbst für minimale Abweichungen keinen Toleranzbereich gibt. Jedenfalls gibt es mit diesen kleinen Kalibern keine „Reserve“! Murmeltiere bieten nur ein kleines Ziel, und die Gefahr, dass sie mit Schüssen, die nicht sofort tödlich wirken, im Bau verschwinden, ist groß. Gut geeignet sind Kaliber wie .222 Rem., .243 Win. oder auch 6,5x57. Ehemals wurden noch größere Kaliber verwendet, weil der Bergjäger meist nur einen einzigen

Repetierer geführt hat und ihm daher keine große Waffenauswahl zur Verfügung stand. Bei stärkeren Kalibern ist ein hartes Geschoss von Vorteil, weil es dabei weniger Wildbretzerstörung gibt. Wichtig ist, dass die Waffe gut liegt und eine Treffpunktlage von wenigen Quadratzentimetern hält. Stärkere Kaliber mit hartem Geschoss zerstören oft weniger als kleine rasante Patronen. Vollmantelgeschosse sind verboten, und das ist auch gut begründet, sie sind keinesfalls zu empfehlen. Früher wurden in der Schweiz Murmeltiere auch mit Schrot erlegt, heute ist der Kugelschuss jedoch gang und gäbe. Die Schusszeit reicht meist von Anfang oder Mitte August bis Mitte Oktober. Erfolgt die Jagd sehr früh, sind die Tiere noch im Haarwechsel, und gegen Ende September, Anfang Oktober erscheinen die Murmel oft kaum noch oder nur kurz vor dem Bau. Die beste Jagdzeit ist deshalb etwa ab Mitte September, da ist der Haarwechsel meist abgeschlossen und es gibt bereits viel Feist.

Der Schuss direkt auf das Köpfl wird weder von Präparatoren noch sonstwo empfohlen. Wer es sich zutraut, der kann den Schuss unterhalb der Gehöre, also auf den Halsansatz antragen. Ansonsten ist der Schuss von der Seite auf das Blatt, oder von vorn oder hinten direkt auf Kammer oder Halsansatz sofort tödlich. Dennoch sollte man rasch zum erlegten Tier eilen. Sitzt der Schuss nicht wirklich gut, besteht die Gefahr, dass das Murmel in den Bau einfährt, womit es meist verloren ist. Das erlegte Murmeltier ist dann jedenfalls aufzubrechen – auch wenn es präpariert werden soll! Erlegte Murmeltiere verhitzen leicht, sie sollten deshalb nicht im Rucksack transportiert werden. Man sollte sein Murmel auch nicht direkt in die Sonne legen, sondern an einem schattigen Platz auskühlen lassen und trägt dann die Beute außen auf den Rucksack gebunden nach Hause. Wird das Murmeltier abgeschwartet, dann werden ebenso wie beim Abbalgen die vorderen und hinteren Branten ausgelöst. Danach wird die Schwarte vom Bauch über die Brust bis zum Geäse aufgetrennt. Man kann Murmeltiere nicht einfach

Murmeltier-Rezepte

Gefüllte Murmeltierkeulen mit Steinpilzen

Zutaten:

4 Murmeltierkeulen; 200 g fertige Wildfarce; 10 g getrocknete Steinpilze; Salz, Pfeffer, Thymian, Wacholder; Mehl zum Stauben

Zubereitung:

Getrocknete Steinpilze in Wasser einweichen, hacken und mit der Farce vermengen. – Die Keulen hohl auslösen und mit der Farce füllen, mit Zahnstochern oder Schnur fixieren. – Würzen, mit Mehl bestauben und allseitig scharf anbraten, danach im Murmeltierragout *(siehe unten)* weichdünsten. Keulen aufschneiden, auf die Sauce setzen, mit Kartoffelpüree und Zuckererbsen anrichten.

Murmeltierragout mit Zwiebel, Steinpilzen und Perlweizen

Zutaten:

800 g Rücken und Schulter vom Murmel, ohne Häute und Knorpel; 100 g Zwiebelbrunoise; 1 Liter Brauner Fond; ein Achterl Rotwein; 30 g Öl; 30 g Mehl; Salz, Pfeffer, Wacholderbeeren, Rosmarin; 200 g Steinpilze; 200 g Zwiebel; 20 g Öl; 1 Sechzehntelliter Weinbrand. – Für die Braune Roux: 40 g Öl; 40 g glattes Mehl.

Zubereitung:

Murmeltier in ungefähr 2 cm große Stücke schneiden, diese würzen und melieren, in Öl scharf anbraten, Zwiebelbrunoise mitrösten, mit Rotwein ablöschen und mit dem Braunen Fond aufgießen, 2 Stunden zugedeckt weichdünsten, nach Bedarf Wasser nachfüllen, auf Saucenkonsistenz reduzieren lassen, mit Brauner Roux binden. – Die Steinpilze und Schalotten vierteln und in Öl rösten, mit dem Weinbrand ablöschen, dem Ragout beifügen und einige Minuten weichdünsten, nochmals abschmecken. Ragout mit Perlweizen anrichten.

Aus: dem Kochbuch „Alles vom Wild" von W. Pschill und R. Winkelmayer, Österr. Jagd- und Fischerei-Verlag, Wien, www.jagd.at

abbalgen wie einen Hasen, sondern muss die Schwarte zunächst Schnitt für Schnitt ablösen. Dabei wird in einem ersten Schnitt der Balg an den Bauchflanken abgeschärft, dann muss die Rübe aus der Rute vorsichtig herausgeschärft werden – auch diese kann man nicht einfach wie bei einem Fuchs herausziehen. Danach hängt man das Murmeltier an den Hinterbranten auf, und nun kann die Schwarte nach unten gezogen werden. Wenn sauber gearbeitet wurde, bleibt kaum Fett an der Schwarte.

Murmelöl – keine Quacksalberei

Schon beim Aufbrechen schaut jeder Murmeljäger, der Interesse am Öl hat, dass er das Fett zwischen dem Gescheide wieder zurück in die Bauchhöhle gibt, um es mitzunehmen. Daheim wird dann fein säuberlich das restliche Fett abgelöst. Aus einem großen, etwa fünf Kilogramm schweren Murmel kann bis zu einem Liter Öl gewonnen werden. Ende September macht das Fett zumindest ein Drittel, oft sogar bis zur Hälfte des Körpergewichtes aus. Heute kaufen es auch Firmen, um es dann selber weiterzuverarbeiten. Wer daheim das gewonnene Fett auslassen möchte, um Öl zu gewinnen, der sollte zunächst sehr sauber Fett von Fleisch oder Blut und sonstigen Verunreinigungen trennen. Kommt man nicht gleich dazu, kann man das Fett auch einfrieren. Wer will, kann dann das noch leicht gefrorene Fett auch durch den Fleischwolf drehen. Damit wird das Auslassen beschleunigt. Gibt man in eine große Pfanne oder einen Topf etwas Wasser, dann ist die Gefahr weniger groß, dass das Fett anbrennt. Die Kunst beim Murmelfett-Auslassen besteht darin, dass kein Fett anbrennt. Dabei entsteht Blausäure, sie riecht sehr unangenehm und verdirbt das Fett. Das heißt, immer nur soviel erhitzen, dass sich das Fett verflüssigt. Hellbraune Rückstände aus dem Bindegewebe, ähnlich Grammeln, werden laufend abgeschöpft. Ist das Öl klar und flüssig, nimmt man die Pfanne vom Herd. Jedenfalls also: Aufpassen, dass das Öl nicht zu heiß wird! Andernfalls ist die ganze Mühe umsonst. Man kann das Öl danach auch noch durch ein Sieb oder einen Fritteuse-Filter gießen und schließlich in Gläser abfüllen. Ein Etikett, auf dem steht, wann das Öl abgefüllt wurde, beugt Erinnerungslücken vor. Die Gläser sind gut verschlossen, kühl und lichtgeschützt zu lagern. Dazu noch ein Tipp: Um den Hausfrieden zu erhalten sollte man besser im Keller oder im Freien arbeiten – ein gewisser Geruch lässt sich nämlich nicht vermeiden.

Wie bereits mehrfach erwähnt, enthält das Murmelöl tatsächlich pharmazeutisch wirksame Substanzen. Dabei geht es um verschiedene Corticoide. Je Kilogramm Fett sind das ungefähr 30 bis 80 Milligramm. Corticoide beeinflussen den Stoffwechsel ebenso wie das Herz-Kreislauf-System. Zudem hemmen sie Entzündungen und wirken daher auch schmerzstillend. Da Murmeltieröl beinahe ausschließlich zur äußeren Anwendung kommt, geht es dabei vor allem um die entzündungshemmende Wirkung. Natürliche Corticoide sind jedoch schwächer wirksam als künstliche, Medikamente haben also eine größere Wirkung. Dennoch wird Murmelöl heute auch in der modernen Medizin gegen Muskel- und Gelenksschmerzen verschrieben. Neben Salben stellt man daraus vermischt mit Kräutern auch Massageöle und sogar Mundspray gegen Husten und Erkältungen her. Schon seit jeher wird aber in der Volksmedizin auch davor gewarnt, dass die übermäßige und langandauernde Verwendung von Murmelöl zu Problemen führen kann. Die Rede ist dabei immer wieder von Knochenerweichung, also Osteoporose, und Muskelschwund. Tatsächlich sind dies auch Symptome, die in Zusammenhang mit Überproduktion von Glucocorticoiden auftreten. Wer also selbst eine Muskelzerrung, leichte rheumatische Beschwerden oder Gelenksentzündungen mit Murmelöl behandeln will, dem sei dies unbenommen, einen Arztbesuch kann es im Ernstfall aber sicher nicht ersetzen.

KURZ & BÜNDIG

- Murmeltierjagd erfolgte früher (und heute zum Teil wieder) vor allem wegen der Heilwirkung des Murmelöls, gebietsweise aber auch zur Fleischgewinnung. Auch das Ganzkörperpräparat als Trophäe spielt jagdlich eine Rolle.

- Heute weiß man: Die Jagd auf das größte Tier einer Murmelfamilie sollte der Vergangenheit angehören. Gerade die stärksten Tiere „heizen“ im Bau während des Winterschlafes am meisten. Fällt diese Wärmequelle aus, ist meist die ganze Familie im Winter dem Untergang geweiht.

- Für die Jagd sollte man nicht zu kleine Kaliber, wie etwa die .22 Hornet, verwenden. Verlässlicher sind etwas stärkere Kaliber, wie etwa die .222 Remington.

Steckbrief Alpenmurmeltier

Systematik

Stamm: Chordatiere *(Chordata)*
Unterstamm: Wirbeltiere *(Vertebrata)*
Klasse: Säugetiere *(Mammalia)*
Ordnung: Nagetiere *(Rodentia)*
Familie: Hörnchen *(Sciuridae)*
Tribus: Echte Erdhörnchen *(Marmotini)*
Gattung: Murmeltiere *(Marmota)*
Art: Alpenmurmeltier *(Marmota marmota)*

Körpermaße

Kopf-Rumpflänge: 45 bis 55 cm
Schwanzlänge: 15 bis 20 cm
Lebendgewicht: 3 bis 5,5 kg

Die durchschnittliche Gewichtszunahme über den Sommer beträgt bei erwachsenen Tieren 30 %, bei Jungtieren mehr als 180 %. Im Herbst erreichen die diesjährigen Jungen knapp 20 % des Gewichtes ausgewachsener Murmeltiere, die Einjährigen etwa 40 % und Zweijährige rund 80 %. Erst im Laufe des 3. Lebensjahres werden sie ganz erwachsen. Erwachsene Tiere verlieren über den Winter etwa ein Viertel ihres Spätherbstgewichtes, bei jüngeren Tieren ist der Gewichtsverlust sehr viel geringer.

Alter

Höchstalter: 12 Jahre (im Freiland)

Alte, vergreiste Tiere verenden fast immer im Winterschlaf.

Fortpflanzung

Paarungszeit: Rund 10 bis 20 Tage nach Beendigung des Winterschlafes paaren sich die Tiere im April. Die Weibchen sind nur für kurze Zeit im Östrus – ungefähr 24 Stunden.

Tragzeit: 33 bis 34 Tage

Wurfzeit: Anfang bis Mitte Juni

Wurfgröße: 1 bis 7 Junge, meistens 3 bis 4

Es erfolgt nur eine Geburt pro Jahr. Die Jungen werden nackt und blind geboren. Ab dem 23. Lebenstag öffnen sich die Augen. Die Jungen verlassen den Wurfbau erstmals im Alter von rund 40 Tagen, das ist meist in der ersten Juliwoche. Sie nehmen von da an pflanzliche Nahrung auf und sind mit spätestens 2 Monaten vollständig entwöhnt. Alpenmurmeltiere besitzen meist vier Paar Zitzen.

Geschlechtsreife: mit 2 Jahren

Geschlechtsbestimmung: Zur Geschlechtsbestimmung kann der Abstand zwischen Genital- und Analöffnung herangezogen werden. Bei erwachsenen Weibchen beträgt er etwa 2 cm, bei erwachsenen Männchen knapp 5 cm. Der Unterschied ist auch bei diesjährigen Jungen schon zu erkennen; bis die Tiere erwachsen werden, vergrößert er sich aber deutlich. Aus der Ferne können die Geschlechter nicht unterschieden werden.

Körperbau und Haarkleid

Murmeltiere sind nach dem Biber und dem Stachelschwein die größten Nagetiere in Europa. Ihr Körper ist gedrungen, die Beine stehen weit auseinander. Dennoch ist das Tier sehr wendig, kann Haken schlagen und durch enge Löcher schlüpfen. Bergab erreichen Murmeltiere durchaus hohe Geschwindigkeiten, wobei mit dem Schwanz das Gleichgewicht ausbalanciert wird. Schulter- und Beckengürtel sind auffallend kräftig. Die Hinterbeine sind etwas länger als die Vorderbeine. Murmeltiere sind Sohlengänger mit langen starken Krallen, vier Zehen am Vorderfuß und fünf am Hinterfuß. Die Fußsohlen sind unbehaart mit kräftigen Ballen und dicker Hornhaut. Alle Murmeltiere klettern ohne Probleme über fast senkrechte, etwas raue Flächen nach oben. Einige Arten können auch auf Bäume klettern. Typisch für den Erdbewohner sind die kleinen, auch innen stark behaarten Ohren und der abgeflachte Kopf. Die Augen sitzen auf diesem hoch oben.

Das Haarkleid ist dicht mit kürzerer gewellter lichter Unterwolle und etwa 2,5 bis 5 cm langen Grannenhaaren. Lange Tasthaare, sogenannte „Vibrissen“, sitzen an den Wangen, am Unterkiefer sowie um Schnauze, Augen und Ellbogen. Sie erleichtern die Orientierung im dunklen Bau. Etwa drei Viertel des Schwanzes sind immer schwarz gefärbt. Sonst variiert die Färbung von schiefergrau bis fahlgelb, daneben gibt es auch rötliche und mancherorts sehr dunkle, fast schwarze Tiere. Jungtiere haben ein weiches, dunkelgraues Fell, sie wechseln Farbe und Haarkleid im August. Insgesamt ist das Haarkleid auf dem Rücken viel dichter als auf der Bauchseite, es wird einmal im Jahr gewechselt, bei säugenden Weibchen rund vier Wochen später als bei den anderen Tieren. Bei geschwächten oder sehr alten Tieren verläuft der Haarwechsel oft unvollständig.

Murmeltierschädel

Die Augen sitzen beim Murmeltier sehr hoch im Kopf. Sie werden nach oben hin zusätzlich durch dornartige Knochenfortsätze geschützt. Diese „Postorbital-Fortsätze“ reichen seitlich vom Schädeldach über die Augenhöhle. Etwa in der Mitte des Unterkiefers erkennt man gut die Muskelleisten, wo die starke Kiefermuskulatur ansetzt. Im Oberkiefer gibt es auf jeder Seite zwei Prämolaren und drei Molaren, im Unterkiefer sind es je zwei Prämolaren und zwei Molaren. Die Schneidezähne („Nager“) im Ober- und Unterkiefer wachsen ständig nach.

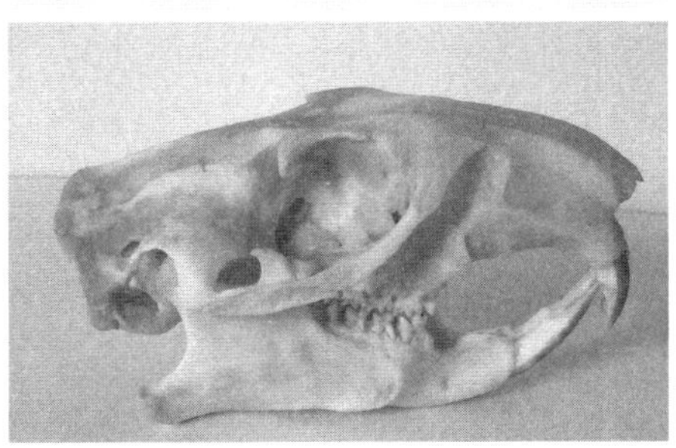

Zahnformel

$$\frac{1I\quad 0C\quad 2P\quad 3M}{1I\quad 0C\quad 1P\quad 3M}$$

Sinnesleistungen

Murmeltiere sehen ausgezeichnet, und auch ihr Gehörsinn ist gut. Das Anbringen von Geruchsmarken zur Reviermarkierung weist auch auf die Bedeutung des Geruchssinnes hin, bei der Murmeljagd wird auf den Wind jedoch kaum Rücksicht genommen.

Murmeltierbau

Alpenmurmel legen Winter- und Sommerbaue an. Nistkammer und Kessel des Winterbaues sind in der Regel große Kammern, die tief im Boden liegen – unterhalb der Frostgrenze. Ein großer Bau ist das Werk von Generationen. Er entsteht über viele Jahre und besteht aus einem Gangsystem, in dem es neben Kammern auch Latrinen und blind endende Röhren gibt. Im Winter werden die Eingangsröhren mit oft meterlangen Zapfen aus Erde, Pflanzenresten und auch Kot verschlossen. Neben den Röhren, die in den Bau führen, gibt es auch noch kurze Fluchtröhren.

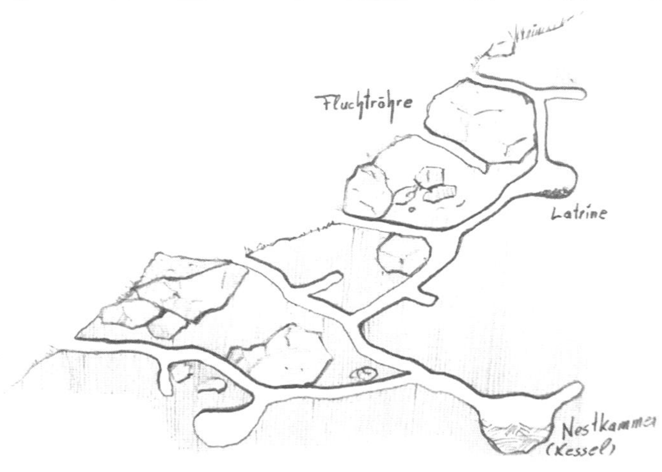

Murmeltiere der Welt

Noch bis vor wenigen Jahren hat man vierzehn Murmeltierarten unterschieden. Alle leben auf der nördlichen Halbkugel.

Sechs Arten kommen im westlichen Teil Nordamerikas vor, von diesen ist nur das Waldmurmeltier bis in den Osten Kanadas und der Vereinigten Staaten verbreitet.

Alpenmurmeltier und Steppenmurmeltier, Letzteres wird auch „Bobak" genannt, leben in Europa.

Weitere sechs Arten unterschied man bisher in Asien. Vor allem im riesigen asiatischen Verbreitungsgebiet hat man seit jeher eine ganze Reihe von Unterarten ausgewiesen. Als neue eigenständige Tierart wird hier seit kurzem das Waldsteppenmurmeltier geführt. Deshalb geht man derzeit nicht mehr von vierzehn, sondern von fünfzehn verschiedenen Murmeltierarten aus.

Eurasien

Alpenmurmeltier *(Marmota marmota)*

Die Art ist heute über den gesamten Alpenbogen verbreitet. In den Pyrenäen, im französischen Zentralmassiv, am Apennin, im Schweizer Jura, in den Vogesen, im Schwarzwald, auf der Schwäbischen Alb, in den Slowenischen Alpen und auch in den Rumänischen Karpaten sowie in den östlichen Ostalpen wurden Alpenmurmeltiere ausgesetzt. Nur in der Tatra konnte sich außerhalb der Alpen ein kleines Vorkommen bis heute halten – Aussetzungen gab es aber auch dort.

Körperlänge: 45 bis 55 cm
Gewicht: 3 bis 5,5 kg
Färbung: variabel, schiefergrau bis fahlgelb
Status: nicht gefährdet
Bestandestrend: stabil

Langschwänziges (Rotes) Murmeltier *(Marmota caudata)*

Die Art lebt in Zentralasien und kommt dort von Afghanistan und Pakistan über den nordwestlichen Teil Indiens und China bis nach Tadschikistan und Kirgistan vor. Rote Murmeltiere bewohnen weitläufig verstreute Kolonien in eher trockenen Lebensräumen mit alpinen Grassteppen und auch Halbwüsten. Die Art hat sich deutlich von den anderen Murmeltierarten Eurasiens abgetrennt und einige ursprüngliche Merkmale bewahrt. Hervorgehoben wird der merkwürdige Schrei des Roten Murmeltieres, er soll dem Ruf eines fliegenden Schwarzspechtes gleichen. Langschwanzmurmeltiere besiedeln zentralasiatische Gebirgszüge wie Hindukusch, Karakorum, Alai, Pamir und Tien-Schan.

Körperlänge: Es gehört zu den größten und fettesten Arten.
Gewicht: 8 bis 9 kg
Färbung: Die Färbung variiert zwischen den Unterarten. Die kleineren Unterarten tragen ein sehr helles, lichtgelbes Fell, die größeren sind deutlich dunkler.
Status: nicht gefährdet
Bestandestrend: unbekannt

Menzbier's Murmeltier *(Marmota menzbieri)*

Diese Art besiedelt nur ein sehr kleines Verbreitungsgebiet im Westen des Tien-Schan-Gebirgszuges. Das Vorkommen ist dort in zwei weit voneinander getrennte Gebiete geteilt. Diese Murmeltiere bewohnen Steilhänge mit üppigen alpinen Rasengesellschaften. Das Menzbier's Murmeltier gibt es in Kasachstan, Kirgistan und Usbekistan.

Körperlänge: 40 bis 45 cm
Gewicht: 2,5 kg (kleinste Murmeltierart)
Färbung: dunkelgrau
Status: gefährdet
Bestandestrend: abnehmend aufgrund von Lebensraumverlusten durch Intensivierung der Landwirtschaft

Kappen- (Kamtschatka-) Murmeltier *(Marmota camtschatica)*

Kappen-Murmeltiere leben in den Bergen und in der arktischen Tundra im Osten Sibiriens. Das Verbreitungsgebiet ist zersplittert. Man unterscheidet drei verschiedene Unterarten in voneinander isolierten Großräumen. Es gibt Vorkommen nordöstlich des Baikalsees, im Ostsibirischen Bergland in Jakutien und auf Kamtschatka. Felsige Meeresküsten werden ebenso besiedelt wie Endmoränen, vulkanische Plateaus oder Berghänge. Wichtig ist, dass der Boden verdichtet ist, damit die Baue halten, und dass eine Schneedecke im Winter vor tiefem Bodenfrost isoliert. Die Baue werden oft unter dem Permafrostboden mit außerordentlich langen Gängen angelegt.

Körperlänge: 50 bis 55 cm
Gewicht: 3 bis 5 kg
Färbung: Bereits sein Name weist auf die auffällig dunkle, tiefschwarze Färbung auf der Oberseite von Kopf und Nacken hin. Ansonsten oberseits graubraunes Fell, unterseits heller.
Status: Laut IUCN-Red-List nicht gefährdet, jedoch sehr unregelmäßig verteilt. Bibikow schätzte die Art als stark gefährdet ein.
Bestandestrend: unbekannt

Himalaya-Murmeltier *(Marmota himalayana)*

Die Art ist kaum erforscht. Das Verbreitungsgebiet umfasst sehr viel mehr als nur den Himalaya von Indien, Nepal und Pakistan. Ebenso ist es beheimatet in West-, Zentral- und Südchina, vorwiegend im Tibetischen Hochland. Himalaya-Murmeltiere sind sehr groß, sie haben ein drahtiges, helles Fell. Sie besiedeln alpine Matten, Grasland und auch Halbwüsten mit geringen Niederschlägen. Oft sind dies steile, auch mit Gebüschen bewachsene Berghänge oder Gebiete mit Böden, in denen gut gegraben werden kann. Himalaya-Murmeltiere legen sehr tiefe Höhlen an. Lokal sind Bestände durch Lebensraumzerstörung, wildernde Hunde oder Überweidung gefährdet.

➤

Körperlänge: 50 bis 70 cm
Gewicht: 4 bis 9 kg
Färbung: dunkle Kopfplatte, schwarze Schnauze, lichtgelbe Wangen und ein gelbbraunes Haarkleid mit schwarzen Haarspitzen
Status: aufgrund der weiten Verbreitung nicht gefährdet
Bestandestrend: unbekannt

Sibirisches Murmeltier (Tarbagan)
(Marmota sibirica)

Die Art lebt vor allem in der Mongolei und in China, daneben gibt es auch Vorkommen in Russland. Einst war es in der Mongolei weit verbreitet, seit den 1990er-Jahren sind die Bestände durch Überbejagung um mindestens 70 % geschrumpft. Die Art wird in der Mongolei wie in Russland als gefährdet eingestuft. Der Tarbagan besiedelt offene Steppen ebenso wie Halbwüsten, Waldsteppen sowie Berghänge und Hochtäler. Dieses Murmeltier ersetzt den Bobak in Zentralasien. Es zählt zu den Pestüberträgern.

Körperlänge: 50 bis 60 cm
Gewicht: 6 bis 8 kg (maximal bis knapp 10 kg)
Färbung: hellbraun, Nasenrücken, Stirn und Wangen dunkelgrau
Status: gefährdet
Bestandestrend: abnehmend

Steppenmurmeltier (Bobak)
(Marmota bobak)

Das Steppenmurmeltier ist von den osteuropäischen Steppen bis Kasachstan verbreitet. Diese Art wurde aus vielen der ursprünglichen Steppengebiete durch die Landwirtschaft verdrängt. Ehemals reichten die Vorkommen von der Westukraine über Russland bis Kasachstan, heute sind sie zersplittert, mit Hauptvorkommen im Ural und im Norden Kasachstans. Obwohl der Bobak aus weiten Teilen seines ehemaligen Verbreitungsgebietes durch Jagd und Landwirtschaft verschwunden ist, dürften die verbleibenden Bestände stabil sein. Steppenmurmeltiere wurden auch in vielen Gebieten wiedereingebürgert.

Körperlänge: 50 bis 60 cm
Gewicht: Weibchen 5 bis 6 kg, Männchen bis 8 (9) kg
Färbung: hellbraun mit dunkelbraunem Oberkopf
Status: nicht gefährdet
Bestandestrend: stabil

Graues Murmeltier (Altai-Murmeltier)
(Marmota baibacina)

Typisches Bergmurmeltier, das weite Teile des Altaihochlandes besiedelt. Die Art kommt in Kirgistan, Kasachstan, der Mongolei sowie im Südwesten Sibiriens vor. Im Altaigebirge grenzt das Verbreitungsgebiet des Grauen Murmeltieres an jenes des Tarbagan, hier kommen die beiden Arten teilweise nebeneinander vor. Das gesamte Verbreitungsgebiet ist in mehrere, voneinander getrennte Gebiete aufgesplittert.

Körperlänge: unbekannt
Gewicht: unbekannt
Färbung: gelbbraun bis braungrau mit dunkelbraunem Kopf und heller Schnauze
Status: nicht gefährdet
Bestandestrend: unbekannt

Waldsteppenmurmeltier
(Marmota kastschenkoi)

Das Waldsteppenmurmeltier wurde aus der Gruppe der Grauen Murmeltiere als eigene Art ausgeschieden. Unter allen Murmeltierarten stehen Bobak, Graues Murmeltier und Waldsteppenmurmeltier besonders eng beieinander. Zwischen ihnen gibt es die geringsten genetischen Unterschiede. Über das Waldsteppenmurmeltier ist wenig bekannt. Es besiedelt Waldsteppen in Nordasien.

Nordamerika

Alaska-Murmeltier (Arktisches Murmeltier, Brooks Range Marmot)

(Marmota broweri)

Das gesamte Verbreitungsgebiet dieser Art liegt nördlich des Polarkreises. Es kommt in der Brooks Range vor und besiedelt dort die arktische Tundra mit ausgedehnten Blockfeldern. Die Brooks Range ist die zweitgrößten Bergkette Alaskas, sie zieht sich im Norden des Landes über 1.000 Kilometer von der Tschuktschensee im Westen bis zur Grenze zwischen Alaska und dem Yukon im Nordosten hin. Der Klimawandel könnte für diese Murmeltierart am ehesten zu einem Problem werden. Diese Art hält mit rund 8 Monaten einen besonders langen Winterschlaf. Die Paarung erfolgt noch bevor die Murmeltiere vor dem Bau erscheinen. Im Zusammenhang mit dieser Art wird mehrfach erwähnt, dass der Wind ein wichtiger Faktor für die Aktivität der Tiere sei. Wind vertreibt die Stechmücken. An windstillen Tagen kommen Alaska-Murmeltiere daher nicht gerne aus ihrem Bau.

Körperlänge: rund 50 bis 60 cm
Gewicht: 2,5 bis 4 kg
Färbung: vom Kinn über Schnauze und Stirn tiefschwarz, sonst grau bis rotbraun, eher weiches, dreifarbiges Fell
Status: nicht gefährdet, jedoch wenig bekannt
Bestandestrend: unbekannt, Annahme: stabil

Waldmurmeltier (Groundhog, Woodchuck)

(Marmota monax)

Waldmurmeltiere haben von allen Arten das größte Verbreitungsgebiet. Es erstreckt sich von Alaska und British Columbia in einem breiten Gürtel über ganz Kanada und den Osten der USA. Es bevorzugt eher Waldränder, Kahlschläge und Lichtungen. Durch das Abholzen vieler Wälder entstanden neue Lebensräume, wodurch die Bestände der Waldmurmeltiere zugenommen haben. Zur Not können diese Murmeltiere auch auf Bäume klettern. Die Tiere sind im Gegensatz zu anderen Murmeltierarten Einzelgänger.

In den USA und in Kanada wird vielerorts der sogenannte „Groundhog Day“ gefeiert. Dabei wird am 2. Februar – also zu Lichtmess – ein Waldmurmeltier aus seinem Winterquartier gelockt, womit die weitere Dauer des Winters vorhergesagt werden soll. Bekannt wurde die Art in diesem Zusammenhang durch den Film „Und täglich grüßt das Murmeltier“.

Körperlänge: 40 bis 50 cm
Gewicht: 2 bis 4 kg, in Gegenden mit guten Lebensbedingungen auch deutlich größer
Färbung: Kopfoberseite dunkelgrau, Körper graubraun, im Bereich der Vorderfüße rotbraun, dazu auffällig schwarze Finger und Zehen
Status: nicht gefährdet
Bestandestrend: stabil

Gelbbäuchiges Murmeltier
(Marmota flaviventris)
Diese Art lebt im Westen der USA. Das Verbreitungsgebiet reicht von Kalifornien und New Mexico bis in den Süden Kanadas nach British Columbia und Alberta. Gelbbauchmurmeltiere leben in kleinen Kolonien. Sie sind oft dort zu finden, wo es ein Mosaik aus Bergwiesen und Wald gibt, daneben bewohnen sie aber auch offene, weitgehend baumfreie Flächen mit Fels oder Blockhalden in einem sehr breiten Höhengürtel.

Körperlänge: 50 bis 70 cm (Weibchen etwas kleiner als Männchen)
Gewicht: 3 bis 5 kg (Weibchen etwas leichter)
Färbung: Kopf dunkelgrau, lichtgraue Schnauze, oberseits grau mit weiß bereiften Haarspitzen, Brust und Bauch gelb
Status: nicht gefährdet
Bestandestrend: stabil

Eisgraues Murmeltier
(Hoary Marmot)
(Marmota caligata)

Diese Art besiedelt die Berge im Nordwesten von Nordamerika. Die Vorkommen reichen von den Bundesstaaten Washington, Idaho und Montana über den Westen Kanadas bis weit in den Norden Alaskas. Der Winterschlaf des Eisgrauen Murmeltieres dauert 7 bis 8 Monate. Die Paarung erfolgt im Frühjahr kurz vor oder knapp nach dem Erscheinen an der Oberfläche.

Körperlänge: rund 60 bis 80 cm – ein sehr großes Murmeltier mit Sexualdimorphismus: Männchen werden deutlich größer als Weibchen
Gewicht: von 3,75 kg im Mai bis rund 7 kg im September, einige erwachsene Tiere können auch bis zu 10 kg erreichen (in Ausnahmefällen sogar 13,5 kg).
Färbung: Typisch ist die weiße Schnauze, die schwarz umrandet ist. Der Kopf ist dunkelgrau, die Oberseite lichtgrau, die Füße sind schwarz.
Status: nicht gefährdet
Bestandestrend: stabil

Olympisches Murmeltier
(Marmota olympus)

Das Olympische Murmeltier ist eine endemische Art, welche nur die Olympic Halbinsel im Bundesstaat Washington im Nordwesten der USA besiedelt. Der Lebensraum sind Bergwiesen in den Olympic Mountains. Das gesamte Verbreitungsgebiet umfasst etwa 1.800 km², etwa 90 % davon ist durch den Olympic National Park geschützt. Man schätzt, dass es etwa zwischen 2.000 und 4.000 Tiere gibt. Die Art lebt verstreut in kleinen Kolonien auf einer Bergkette in der Nähe der Waldgrenze auf alpinen Weiden, bevorzugt auf Südhängen. Die Klimaerwärmung und in der Folge Trockenheit und nach oben steigende Waldgrenzen könnten die Art gefährden.

Körperlänge: 55 bis 75 cm
Gewicht: Weibchen bis 7 kg, Männchen bis 9 kg (auch bis 11 kg möglich)
Färbung: schokoladebraun mit heller, weißlicher Schnauze – im Frühjahr, wenn die Tiere aus ihren Winterbauen kommen, hell lichtbraun, im Herbst vor dem Winterschlaf hingegen tief dunkelbraun
Status: Die Art wird aufgrund des guten Schutzstatus – und weil die Bestände nur sehr langsam abnehmen – nicht als gefährdet eingestuft.
Bestandestrend: abnehmend

Vancouver-Island-Murmeltier
(Marmota vancouverensis)

Auch das Vancouver-Island-Murmeltier ist eine endemische Art, die nur im Westen British Columbias auf Vancouver Island, der größten Insel an der Westküste Nordamerikas, vorkommt. Bevorzugt werden baumlose Wiesen und Lawinengassen in Höhenlagen zwischen 1.000 und 1.400 Meter Seehöhe. Es ist eine Murmeltierart, die derzeit akut vom Aussterben bedroht ist. Auslöser waren intensive Abholzungen in Höhenlagen. Die für Murmeltiere attraktiv erscheinenden Kahlschläge wurden zur ökologischen Falle: rasche Wiederbewaldung, Veränderung der Landschaft und der Nahrung, erhöhter Raubfeinddruck, niedrige Populationsdichten und dadurch verminderte Überlebenschancen waren die Folge. Genetische Verarmung und der Klimawandel könnten weitere Ursachen sein. Das Vancouver-Island-Murmeltier zählt zu den besonders großen Arten, es ist mit dem Olympic und dem Eisgrauen Murmeltier verwandt. Obwohl der einstige Bestand von weniger als 30 Tieren durch ein intensives Zuchtprogramm und Aussetzungen auf über 300 Tiere angewachsen ist, gehört dieses Murmeltier heute zu den seltensten Säugetierarten weltweit.

➤➤

Körperlänge: 55 cm
Gewicht: Weibchen 5 kg, Männchen bis 7 kg
Färbung: tief dunkelbraun mit weißer Schnauze, dazu meist kleiner weißer Stirnfleck und rotbrauner Nackenfleck, Brust- und Bauchseite weißlich
Status: stark gefährdet
Bestandestrend: abnehmend

Ausgewählte Literatur

Allainé, D. (2000): Sociality, mating system and reeproductive skew in marmots: evidence and hypotheses. In: Behavioural Processes 51 (2000), pp. 21-34.

Armitage, K.B. (1975): Social Behavior and Population Dynamics of Marmots. In: Oikos, Vol. 26, No. 3 (1975), pp. 341-354.

Armitage, K.B. (1999): Evolution of Sociality in Marmots. In: Journal of Mammalogy, Vol. 80, No. 1 (Feb., 1999), pp. 1-10.

Armitage, K.B. (2013): Climate change and the conservation of marmots. In: Natural Science, Vol.5, No.5A, 36-43 (2013).

Arnold, W. (1993): Social evolution in marmots and the adaptive value of joint hibernation. Verh. Dtsch. Zool. Ges. 86, 2. 79-93.

Arnold, W. (1988): Social thermoregulation during hibernation in alpine marmots (Marmota marmota). In: J. Comparative Physiology B (1988) 158: 151-156. Springer Verlag.

Arnold, W. (1999): Allgemeine Biologie und Lebensweise des Alpenmurmeltieres (Marmota marmota). In: Murmeltiere. Katalog des OÖ Landesmuseums, Folge 146, Hrsg. Biologiezentrum des OÖ Landesmuseums. S. 1-20.

Arnold, W. (1999): Winterschlaf des Alpenmurmeltieres. In: Murmeltiere. Katalog des OÖ Landesmuseums, Folge 146, Hrsg. Biologiezentrum des OÖ Landesmuseums. S. 43-56.

Arnold, W. & F. Frey-Roos (1999): Verzögerte Abwanderung und gemeinschaftliche Jungenfürsorge: Anpassungen des Alpenmurmeltieres (Marmota marmota) an eiszeitliche Lebensbedingungen. In: Murmeltiere. Katalog des OÖ Landesmuseums, Folge 146, Hrsg. Biologiezentrum des OÖ Landesmuseums. S. 33-42.

Bel, M-C., Porteret, C. & J. Coulon: Scent deposition by cheek rubbing in the alpine marmot (Marmota marmota) in the French Alps. In: Canadian Journal of Zoology, 1995, 73(11): 2065-2071.

Bibikow, D.J. (1996): Die Murmeltiere der Welt. Die Neue Brehm-Bücherei; Bd. 388. Westarp Wissenschaften. 228 S.

Blumstein, D.T. & K. Armitage (1997): Does Sociality Drive the Evolution of Communicative Complexity? A Comparative Test with Ground-Dwelling Sciurig Alarm Calls. In: The American Naturalist Vol. 150, No. 2 (Aug. 1997), pp. 179-200.

Blumstein, D.T. & K. Armitage (1999): Cooperative Breeding in Marmots. In: Oikos Vol. 84, Fasc. 3 (Mar. 1999), pp. 369-382.

Blumstein, D.T. (2007): The Evolution, Function, and Meaning of Marmot Alarm Communication. In: Elsevier Inc. (2007) Vol. 37008, pp. 371-401.

Boero, D.L. (1999): Population dynamics, mating system and philopatry in a high altitude colony of alpine marmots (Marmota marmota L.). In: Ethology Ecology & Evolution 11: 105-122, 1999.

Boldt, A. (2007): Auswirkungen von Luftfahrzeugen auf Säugetiere. Literaturstudie. Produktion FaunAlpin GmbH Jerisbergmühle, 3208 Gurbrü. 41. S.

Bruns, U., Frey-Roos, F., Ruf, T. & W. Arnold (1999): Nahrungsökologie des Alpenmurmeltieres (Marmota marmota) und die Bedeutung essentieller Fettsäuren. In: Murmeltiere. Katalog des OÖ Landesmuseums, Folge 146, Hrsg. Biologiezentrum des OÖ Landesmuseums. S. 57 – 66.

Farand, E., D. Allainé, J. Coulon (2002): Variation in survival rates for the alpine marmot (Marmota marmota): effects of sex, age, year, and climatic factors. In: Canadian Journal of Zoology, 2002, 80(2): 342-349, 10.1139/z02-004.

Ferrari, C., Bogliani, G. & A. von Hardenberg (2009): Alpine marmots (Marmota marmota) adjust vigilance behaviour according to environmental characteristics of their surrounding. In: Ethology Ecology & Evolution 21: 355-364, 2009.

Hackländer, K., Bruns, U. & W. Arnold (1999): Reproduktion und Paarungssystem bei Alpenmurmeltieren (Marmota marmota). In: Murmeltiere. Katalog des OÖ Landesmuseums, Folge 146, Hrsg. Biologiezentrum des OÖ Landesmuseums. S. 21-32.

Hackländer, K., Möstl, E. & W. Arnold (2003): Reproductive supression in female Alpine marmots, Marmota marmota. In: Animal Behaviour, 2003, 65, 1133-1140.

Hitz, F. (2010): Steinbock und Murmeltier in Graubünden. Repräsentationen und Nutzungen vom Hochmittelalter bis in die Frühneuzeit. In: Historie des Alpes – Storia delle Alpi – Geschichte der Alpen (2010/15). S. 89-114.

King, W. & D. Allainé (2002): Social, maternal, and environmental influences on reproductive success in female Alpine marmots (Marmota marmota). In: Canadian Journal of Zoology, 2002, 80(12): 2137-2143.

Koenig, L. (1957): Beobachtungen über Reviermarkierung sowie Droh-, Kampf- und Abwehrverhalten des Murmeltieres (Marmota marmota L.). In: Zeitschrift für Tierpsychologie Vol. 14, Issue 4, pp 510-521, 1957.

Mainini, B., Neuhaus, P. & P. Ingold (1993): Behaviour of marmots marmota marmota under the influence of different hiking activities. In: Biological Conservation Volume 64, Issue 2, 1993, pp. 161-164.

Müller, J.P. (1996): Das Murmeltier. Vlg. Bündner Monatsblatt/Desertina AG. 57 S.

Preleuthner, M. (1993): Das Alpenmurmeltier (Marmota m. marmota, Linne 1758): Verbreitungsgeschichte und genetische Variation in Österreich. Disseration Uni Wien. 175 S.

Preleuthner, M., Pinsker, W., Kruckenhauser, L., Miller, W.J. & H. Prosl (1995): Alpine marmots in Austria. The present population structure as a result oft the postglacial distribution history. In: Acta Teriologica, Suppl. 3: 87-100, 1995.

Preleuthner, M. & Aubrecht, G. (1999): Murmeltiere. Katalog des OÖ Landesmuseums, Folge 146, Hrsg. Biologiezentrum des OÖ Landesmuseums. 206 S.

Signorell, N. & H. Jenny (2003): Wachstum, saisonale Gewichtsveränderungen und Geschlechtsbestimmung bei Alpenmurmeltieren (Marmota m. marmota). In: Zeitschrift für Jagdwiss. 2003, Volume 49, Issue 4, pp. 249-260.

Thenius, E. (1969): Stammesgeschichte der Säugetiere (einschließlich der Hominiden). In: Handbuch der Zoologie. Eine Naturgeschichte der Stämme des Tierreiches. 8. Band. Vlg. Walter De Gruyter & Co, Berlin 1969.

Türk, A. & W. Arnold (1988): Thermoregulation as a limit to habitat use in alpine marmots (Marmota marmota). In: Oecologia (1988) 76: 544-548.